高等职业教育计算机网络技术专业系列教材

Windows Server 操作系统教程

主　编　周恒伟　刘洪亮　刘怡然

参　编　周德锋　李　奇　邓明亮　冯向科　周思难

主　审　欧阳广

机 械 工 业 出 版 社

本书共 13 个项目,包含 Windows Server 2019 的安装、用户和组的管理、磁盘的配置与管理、文件服务器的配置与管理、打印服务器的配置与管理、DHCP 服务器的配置与管理、DNS 服务器的配置与管理、Web 服务器的配置与管理、FTP 服务器的配置与管理、域服务器的配置与管理、组策略的配置与管理、路由与远程服务的配置与管理、远程桌面服务的配置与管理等内容。

本书可作为各类职业院校计算机、网络技术等相关专业的教材,也可作为从事计算机网络工程设计、管理的工程技术人员的参考用书。

本书配有电子课件、项目素材、源文件等教学资源,凡选用本书作为教材的教师,可登录机械工业出版社教育服务网(www.cmpedu.com)免费注册下载,或联系编辑(010-88379197)咨询。

图书在版编目(CIP)数据

Windows Server 操作系统教程 / 周恒伟,刘洪亮,刘怡然主编 . -- 北京:机械工业出版社,2024. 8.
(高等职业教育计算机网络技术专业系列教材).
ISBN 978-7-111-76309-3

Ⅰ. TP316.86
中国国家版本馆 CIP 数据核字第 20249M5G04 号

机械工业出版社(北京市百万庄大街 22 号 邮政编码 100037)
策划编辑:徐梦然   责任编辑:徐梦然
责任校对:甘慧彤 杨 霞 景 飞   封面设计:马精明
责任印制:刘 媛
北京中科印刷有限公司印刷
2024 年 12 月第 1 版第 1 次印刷
210mm×297mm • 15 印张 • 477 千字
标准书号:ISBN 978-7-111-76309-3
定价:48.00 元

电话服务   网络服务
客服电话:010-88361066   机 工 官 网:www.cmpbook.com
       010-88379833   机 工 官 博:weibo.com/cmp1952
       010-68326294   金 书 网:www.golden-book.com
封底无防伪标均为盗版   机工教育服务网:www.cmpedu.com

前言

在信息化社会的浪潮中，服务器操作系统作为网络基础设施的核心组成部分，其重要性不言而喻。Windows Server系列作为微软公司推出的服务器操作系统，一直以来以其易用性、稳定性和丰富的功能赢得了广大用户的青睐。随着技术的不断进步，Windows Server 2019在性能、安全性以及云集成等方面进行了诸多改进和增强。

本书以提高学生的职业能力和职业素养为宗旨，坚持以职业能力为本位的课程设计原则，以项目任务为讲述单元，以企业典型应用场景为载体，以Windows Server 2019为核心，详细介绍了Windows Server操作系统的安装、配置与管理，旨在为读者提供一个全面、系统、实用的学习指南，帮助读者快速掌握Windows Server 2019的安装、配置、管理和维护等关键技能。本书特点如下：

1）实用性。本书紧密结合企业实际需求，以Windows Server 2019为例，详细讲解了操作系统的安装、用户和组的管理、磁盘的配置与管理、文件服务器的配置与管理、打印服务器的配置与管理、DHCP服务器的配置与管理、DNS服务器的配置与管理、Web服务器的配置与管理、FTP服务器的配置与管理、域服务器的配置与管理、组策略的配置与管理、路由与远程服务的配置与管理、远程桌面服务的配置与管理等内容。通过本书的学习，学生将能够熟练掌握Windows Server操作系统的配置与管理技能，为未来的职业生涯打下坚实的基础。

2）创新性。本书采用Windows Server 2019操作系统，并结合了当前企业网络环境的实际需求，介绍了相关的技术和规范。同时，本书还配备了电子课件、项目素材等辅助教学资料，方便教师引导学生进行探究式与个性化学习。

3）系统性。本书在系统性方面做得相当出色。它从Windows Server 2019的基础知识讲起，逐步深入到系统管理、网络配置、安全策略等各个方面，形成了一个完整的知识体系。这种系统性的内容安排有助于读者建立清晰的知识框架，更好地理解和掌握Windows Server 2019的相关知识。

4）可读性。本书的语言表达清晰简洁，逻辑结构清晰合理，使得读者能够轻松阅读并理解相关内容。同时，本书还采用了丰富的图表、示意图和流程图等视觉元素，使得复杂的技术概念和操作过程变得直观易懂。这种可读性强的特点使得本书不仅适合初学者入门学习，也适合进阶者深入探究。

5）紧密结合技能大赛。本书结合全国职业院校技能大赛"网络系统管理"赛项的操作系统模块进行设计，提供了针对性的学习建议和实战技巧。通过学习和实践这些内容，读者可以更好地为大赛做准备，有效提升自己的竞赛水平。

本书建议授课60～72学时，教学课时建议如下：

项目	项目名称	学时	项目	项目名称	学时
项目1	Windows Server 2019 的安装	4	项目8	Web 服务器的配置与管理	4
项目2	用户和组的管理	4	项目9	FTP 服务器的配置与管理	4
项目3	磁盘的配置与管理	4	项目10	域服务器的配置与管理	4
项目4	文件服务器的配置与管理	8	项目11	组策略的配置与管理	4
项目5	打印服务器的配置与管理	4	项目12	路由与远程服务的配置与管理	8
项目6	DHCP 服务器的配置与管理	4	项目13	远程桌面服务的配置与管理	4
项目7	DNS 服务器的配置与管理	4			

本书由湖南化工职业技术学院周恒伟、湖南汽车工程职业大学刘洪亮、娄底潇湘职业学院刘怡然主编；湖南化工职业技术学院周德锋、怀化职业技术学院李奇、娄底职业技术学院邓明亮、湖南铁道职业技术学院冯向科、湖南汽车工程职业大学周思难参与编写；由湖南化工职业技术学院欧阳广主审。在本书的编写过程中，编者参考了大量相关技术资料，吸取了许多同仁的宝贵经验，在此对资料的提供者和支持、帮助过我们的同仁表示感谢。

限于编者的经验和水平，书中难免存在疏漏与不足之处，恳请各位读者批评指正。

编　者

目录

项目 1

Windows Server 2019 的安装

学习目标

知识目标

- 了解操作系统的基础知识。
- 认识常见的操作系统。
- 了解虚拟机基础知识。
- 了解 VMware Workstation 软件。
- 了解 Windows Server 2019。

技能目标

- 能够正确安装 VMware Workstation 软件。
- 能够使用 VMware Workstation 安装 Windows Server 2019 虚拟机。
- 能够配置服务器计算机名和 IP 地址。

素养目标

- 提高学生的实践能力和解决问题的能力。
- 强化学生的团队合作精神和沟通能力。
- 培养学生的环保意识和知识产权保护意识。

项目描述

KIARUI 科技有限公司一直致力于提供高质量的 IT 解决方案和服务，以满足客户不断增长的业务需求。随着公司业务的不断扩展和壮大，为了更好地支持公司的运营和发展，KIARUI 科技有限公司决定搭建网络服务器，这样既可以提高公司员工的工作效率和生产力，从而加快决策制订、项目管理和业务流程的速度，还可以帮助公司更好地管理和利用其数据资源。网络管理员决定为服务器安装 Windows Server 2019 操作系统，这样既可以便于服务器的管理和维护，还有助于保障服务器的安全性和可靠性，同时还可以提供丰富的应用程序和服务支持。

知识准备

一、操作系统简介

操作系统（Operating System，简称 OS）是计算机系统中的一个基本软件，是负责管理和控制各种计算机硬件设备的程序。操作系统的作用是为应用程序和用户提供一个简单有效的环境，方便管理计算机系统的资源，优化计算机系统的性能，并提供文件管理、网络管理、安全管理等各种服务。

1）资源管理：操作系统负责管理计算机系统中的处理器、内存、硬盘、输入输出设备等各种硬件资源，并协调它们的使用。

2）进程管理：操作系统负责管理计算机系统中的各个进程，将处理器的时间分配给不同进程，使它们可以及时有效地完成任务。

3）文件管理：操作系统负责管理计算机系统中的各种文件，对文件进行组织、存储、保护和检索等操作。

4）网络管理：操作系统负责管理计算机系统中的网络设备和网络资源，保障计算机网络的安全和稳定运行。

5）安全管理：操作系统负责保障计算机系统的安全性，对系统中的用户进行身份认证和访问控制，防止恶意程序的入侵和攻击。

二、常见的操作系统

现代操作系统通常具有图形用户界面（GUI），使得用户可以通过鼠标、键盘等输入设备与计算机进行交互。常见的操作系统有：

1）Windows：由微软公司开发的图形用户界面操作系统，易于使用和学习，支持广泛的硬件和软件应用程序，并提供了强大的多任务处理和网络功能，广泛应用于个人计算机和服务器领域。

2）UNIX：最初由贝尔实验室开发，是一种开源操作系统，广泛应用于服务器、超级计算机和嵌入式系统中。

3）Linux：是一种基于 UNIX 操作系统的开源操作系统，由世界各地的开发者共同开发和维护，具有稳定、安全、灵活、易于定制、可扩展性强等特点，广泛应用于服务器、桌面、嵌入式等领域。

4）MacOS：苹果公司开发和维护的图形用户界面操作系统，是一种基于 UNIX 的图形化用户界面的操作系统，仅适用于苹果公司的 Macintosh 系列计算机。

5）Android：由谷歌公司开发的移动设备操作系统，被广泛应用于各种类型的移动设备，如智能手机、平板计算机、智能电视和汽车等。

6）HarmonyOS：鸿蒙操作系统是华为公司开发的一款基于微内核的全场景分布式操作系统。它旨在为各种设备提供一致的用户体验，包括手机、平板计算机、智能手表、智能家居等。

三、虚拟机简介

虚拟机（Virtual Machine，VM），也被称为虚拟化技术，是一种将底层物理资源（例如处理器、内存、磁盘等）抽象为更高级别的虚拟资源的技术。通过虚拟化技术，可以在一台物理计算机上同时运行多个操作系统和应用程序，从而提高硬件资源利用率和灵活性。

虚拟化技术可以分为两种类型：全虚拟化和半虚拟化。全虚拟化是指在虚拟机中模拟出一台完整的计算机系统（包括处理器、内存、磁盘、网络等），使得虚拟机操作系统可以像在实际计算机上一样运行。而半虚拟化则是指在虚拟机和宿主机之间共享同一个内核，用虚拟化层来模拟硬件设备，从而实现对宿主机的访问。

虚拟机技术在企业级应用中得到广泛应用。它可以更好地满足企业资源配置、安全和业务需求的多样化要求。此外，基于虚拟机的云计算技术也逐渐成为当今 IT 领域的热点，被广泛应用于互联网、大数据等领域。

虚拟机的使用也有一些限制。由于虚拟机需要模拟出完整的计算机系统，因此在性能上会受到一定的影响。同时，虚拟机在运行时还需要额外的管理和维护，因此也会增加一定的管理成本。

四、VMware 虚拟机组网模式

虚拟化技术在企业和个人的 IT 设备上得到了广泛的应用。其中,虚拟机技术可以帮助人们在一个宿主机器上同时运行多个虚拟机,从而达到资源利用率的最大化。在虚拟化技术中,网络虚拟化是其中一个重要的方面。VMware 是一款业界领先的虚拟化软件,它提供了多种网络虚拟化方案,可以更好地满足用户的需求。

1. VMware 虚拟网络介绍

VMware 虚拟机网络是一种软件定义的网络,旨在模拟物理网络功能。虚拟网络通过 hypervisor(虚拟机监视器)提供虚拟网卡(vNIC)和虚拟交换机(vSwitch)来连接虚拟机和物理网络。各台虚拟机之间互相通信,以及虚拟机与物理网络之间通信,都可以通过虚拟化网络实现。

2. VMware 虚拟机网络组网模式

（1）Bridged（桥接模式）

桥接模式是通过虚拟网桥将主机的网卡与虚拟交换机 VMnet0 连接到一起。虚拟网桥会转发主机网卡接收到的广播和组播信息,以及目标为虚拟交换机网段的单播。在桥接作用下,类似于把物理主机虚拟为一个交换机,所有桥接设置的虚拟机连接到这个交换机的一个接口上,物理主机也同样插在这个交换机当中,所以所有桥接下的网卡与网卡都是交换模式的,相互可以访问而不干扰。在桥接模式下,虚拟机 IP 地址需要与主机在同一个网段,如果需要联网,则网关与 DNS 需要与主机网卡一致。

（2）NAT（地址转换模式）

在 NAT 模式中,虚拟机通过主机(物理机)的网卡与外部网络进行通信。在这种模式下,虚拟机向外部网络发送的请求数据包会被 NAT 网络适配器加上特殊的标记,并以主机的名义转发出去。外部网络返回的响应数据包也会先被主机接收,然后由 NAT 网络适配器根据特殊标记识别并转发给对应的虚拟机。因此,虚拟机在外部网络中不必具有自己的 IP 地址,虚拟机和主机共享一个 IP 地址,这个 IP 地址通常位于 VMnet8 网段。虚拟机通过 DHCP 服务器获取地址,并通过 NAT 设备与外部网络进行通信。NAT 模式下的虚拟机在默认情况下对外部网络是不可见的。

（3）Host-Only（仅主机模式）

Host-Only 模式其实就是 NAT 模式去除了虚拟 NAT 设备。在 Host-Only 模式中,通过主机的虚拟网卡 VMnet1 连接虚拟交换机 VMnet1 来与虚拟机通信,Host-Only 模式将虚拟机与外网隔开,使得虚拟机成为一个独立的系统,只与主机相互通信。

在实际使用时,可以根据需求选择不同的网卡类型和交换机类型来组建虚拟网络。虚拟网络可以帮助人们更高效、安全地管理虚拟机,进一步提升企业的 IT 资源利用率。

五、Windows Server 2019 简介

Windows Server 2019 是基于 Long-Term Servicing Channel 1809 内核开发,相较于之前的 Windows Server 版本,Windows Server 2019 主要围绕混合云、安全性、应用程序平台、超融合基础设施(HCI)四个方面实现了很多创新。

1）高性能:Windows Server 2019 支持大规模虚拟化、容器和高密度服务,能够提供出色的性能和效率。

2）安全性:Windows Server 2019 加强了安全功能,包括 Windows Defender Advanced Threat Protection 和 Shielded Virtual Machines 等。

3）管理:Windows Server 2019 提供了更多的管理功能,并且可自动化管理和部署。管理员可通过 Power Shell 脚本或 Windows Admin Center 的用户界面管理服务器。

4）虚拟化:Windows Server 2019 支持 Hyper-V 虚拟化技术,可支持虚拟机和容器。在虚拟化方面具有优异的性能和可伸缩性。

5）存储:Windows Server 2019 提供了可靠的存储解决方案,如 Storage Spaces Direct 和 Storage Migration Service。

6）网络:Windows Server 2019 拥有强大的网络功能,支持高速网卡和网络化技术,使得部署和管理网络变得更加容易和高效。

Windows Server 2019 主要的版本有数据中心版和标准版。标准版（Standard Edition）适用于中小型企业和远程办公、虚拟化环境比较低的情况。数据中心版（Datacenter Edition）适用于大型企业、高虚拟化数据中心和云环境，具备集群和动态硬件分隔功能，支持虚拟化授权权限整合而成的应用程序，从而降低基础架构的成本。

项目实施

KIARUI 科技有限公司的网络管理员要为该公司的服务器安装 Windows Server 2019 操作系统，首先要做好以下准备工作：

1）确认服务器的硬件配置是否符合 Windows Server 2019 的要求，包括处理器、内存、存储空间等。

2）准备 Windows Server 2019 安装介质，可以是光盘或 USB 驱动器。

3）备份服务器上的重要数据和文件，以免在安装过程中丢失或损坏。

4）关闭所有不必要的服务和应用程序，以确保安装过程顺利进行。

5）为服务器设置管理员账户和密码，并创建其他必要的用户账户。

6）确保服务器已连接到网络，并且网络连接正常。

本书以虚拟机为工具进行 Windows Server 2019 项目化学习。通过虚拟机的方式，可以在安全的环境下进行实践操作，避免了实际服务器上操作产生的风险和成本。同时，虚拟机也提供了灵活性和可重复性，可以多次运行相同的实验，方便反复练习和巩固知识。

在本项目中，为 Windows Server 2019 操作系统进行初始配置见表 1-1：

表 1-1　操作系统初始配置

项目	初始配置	项目	初始配置
计算机名	Router	网关	N/A
IP 地址	192.168.10.1	首选 DNS 服务器	192.168.10.11
子网掩码	255.255.255.0	备选 DNS 服务器	192.168.10.2

任务 1　安装 VMware Workstation 17

VMware Workstation 是一款功能强大的虚拟机软件，它可以在一台物理计算机上运行多个虚拟机。每个虚拟机都可以运行自己的操作系统和应用程序，就好像它们是独立的计算机一样。VMware Workstation 支持多种操作系统，包括 Windows、Linux 和 MacOS 等。

由于 VMware Workstation 具有强大的虚拟化能力，管理员可以轻松地进行 Windows Server 服务器的部署、维护、管理，并提高服务器的安全性，还可以让企业将多个虚拟机运行在同一台物理服务器上，从而避免购买多台物理服务器的成本，因此本书的服务器配置与管理学习都是通过虚拟机的方式进行。要使用 VMware Workstation 软件，首先将 VMware Workstation 软件下载并安装到宿主机上。

STEP01 可登录到 https://www.vmware.com/products/desktop-hypervisor.html 页面下载最新的 VMware Workstation 版本。本书以 VMware Workstation 17 为例介绍 VMware Workstation 的安装。

STEP02 打开下载好的软件，出现 VMware Workstation 安装界面，如图 1-1 所示，单击"下一步"按钮。

STEP03 在"最终用户许可协议"界面阅读 VMware 最终用户许可协议，勾选"我接受许可协议中的条款"复选框按钮，如图 1-2 所示，单击"下一步"按钮。

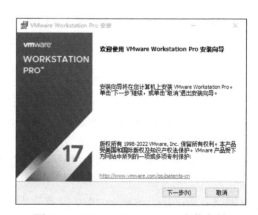

图 1-1　VMware Workstation 安装向导

图 1-2 用户许可协议

STEP04 在"自定义安装"界面设置软件安装位置，如将软件安装在"C:\ProgramFiles（x86）\VMware\VMware Workstation\"，勾选"将 VMware Workstation 控制台工具添加到系统 PATH"复选框按钮，如图 1-3 所示，单击"下一步"按钮。

图 1-3 自定义安装

STEP05 在"用户体验设置"界面设置启动软件时是否检查产品更新，以及是否加入 VMware 客户体验提升计划。如图 1-4 所示，如果不需要自动检查产品更新，也不加入 VMware 客户体验提升计划，则取消勾选对应项目复选框，之后单击"下一步"按钮。

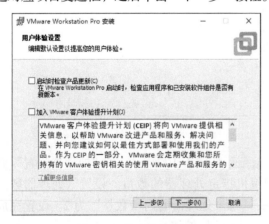

图 1-4 用户体验设置

STEP06 在"快捷方式"界面中设置 VMware Workstation 的快捷方式的创建位置，然后单击"下一步"按钮。

STEP07 在"已准备好安装 VMware Workstation Pro"界面，单击"安装"按钮，等待软件安装完成。

STEP08 如图 1-5 所示，在"VMware Workstation Pro 安装向导已完成"界面单击"许可证"按钮。

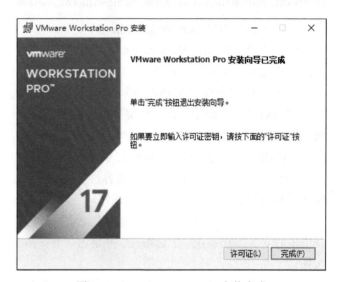

图 1-5 VMware Workstation 安装完成

STEP09 在弹出的"输入许可证密钥"的文本框中输入密钥，如图 1-6 所示，单击"输入"按钮。也可以单击"跳过"按钮，将该文本框留空，以后再输入密钥。返回到上一界面后，单击"完成"按钮，完成软件的安装。

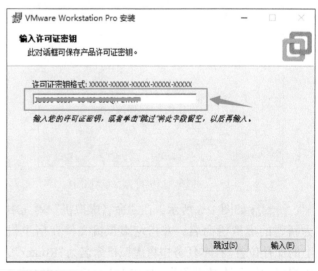

图 1-6 输入许可证密钥

任务2　安装 Windows Server 2019

Windows Server 2019 有多种安装方式，分别适用于不同的环境，网络管理员可以根据实际情况选择安装方式。常见的安装方式主要有制作 U 盘安装、升级安装、远程安装及 Server Core 安装。本任务使用 VMware 虚拟机安装 Windows Server 2019，宿主机环境为 Windows 10 专业版。在安装建立 Windows Server 2019 虚拟机时，首先要准备好 Windows Server 2019 的映像文件。Windows Server 2019 映像文件可从 https://www.microsoft.com/en-us/evalcenter/evaluate-windows-server-2019 下载。

STEP01 运行 VMware Workstation。

STEP02 在 VMware Workstation 的工作界面中，单击"创建新的虚拟机"图标。

STEP03 在"新建虚拟机向导"的"欢迎使用新建虚拟机向导"界面中，有"典型"和"自定义（高级）"两种安装方式可供选择。在本任务中选择"自定义（高级）"单选按钮，然后单击"下一步"按钮。

STEP04 在"选择虚拟机硬件兼容性"界面中，使用默认设置，并单击"下一步"按钮。

STEP05 在"安装客户机操作系统"界面中，选择"稍后安装操作系统"单选按钮，并单击"下一步"按钮。

STEP06 如图 1-7 所示，在"选择客户机操作系统"界面中，在"客户机操作系统"栏目中选择"Microsoft Windows"单选按钮，在"版本"中选择"Windows Server 2019"，再单击"下一步"按钮。

图 1-7　选择虚拟机操作系统类型

STEP07 如图 1-8 所示，在"命名虚拟机"界面中为新建的虚拟机命名，并指定虚拟机文件在宿主机上的保存位置。在本任务中将虚拟机命名为"Router"，虚拟机的保存路径设置为"D:\WindowsServer2019"。设置完成后单击"下一步"按钮。

图 1-8　命名虚拟机

STEP08 如图 1-9 所示，在"固件类型"界面中选择"UEFI"固件类型，并单击"下一步"按钮。

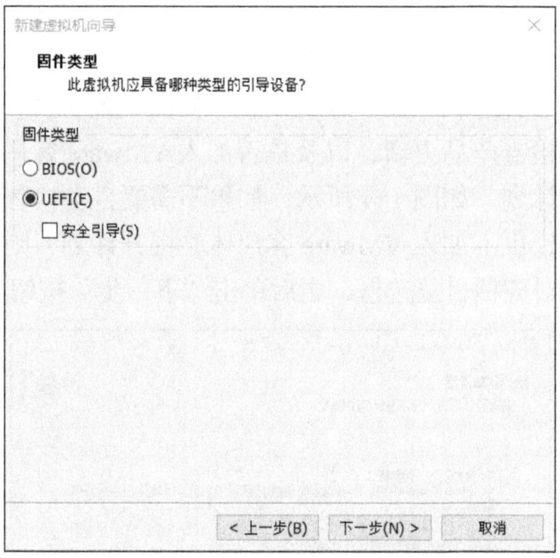

图 1-9　设置虚拟机固件类型

STEP09 如图 1-10 所示，在"处理器配置"界面为虚拟机指定处理器的数量。设置"处理器数量"为 2，"每个处理器的内核数量"为 2。设置完成后单击"下一步"按钮。

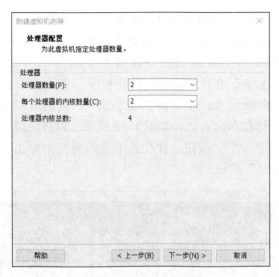

图 1-10　设置虚拟机 CPU

👤 **小提示**

　　BIOS 和 UEFI 是两种不同种类的计算机固件类型。BIOS 是一种较旧的固件类型，用于初始化硬件设备和启动操作系统，主要运行 16 位 CPU 指令。UEFI 在启动过程中提供了更为丰富的界面，支持更大的硬盘容量和更多的分区，可以运行 32 位或 64 位 CPU 指令。在虚拟机中，BIOS 或 UEFI 的选择将取决于虚拟机所运行的硬件平台。

STEP10 如图 1-11 所示，在"此虚拟机的内存"界面中设置虚拟机使用的内存大小，如设置为 4096MB。设置完成后单击"下一步"按钮。

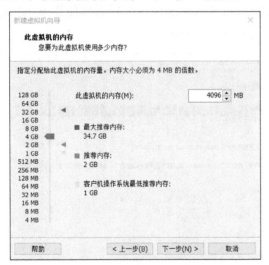

图 1-11　设置虚拟机内存

👤 **小提示**

　　在设置虚拟机的 CPU 数量和内存大小时，应该考虑到宿主机的硬件资源和操作系统使用情况，以免出现资源竞争或接近资源耗尽的情况，导致虚拟机性能下降。

STEP11 在"网络类型"界面中设置网络连接的

类型，本任务中选择"使用网络地址转换（NAT）"网络连接类型，在后期可以根据实际情况更改网络类型。选择网络类型后，单击"下一步"按钮。

STEP12 在"选择 I/O 控制器类型"界面中选择"LSILogicSAS"SCSI 控制器，然后单击"下一步"按钮。

STEP13 在"选择磁盘类型"界面中有 4 种虚拟磁盘类型，如图 1-12 所示，在本任务中选择"SCSI"类型，单击"下一步"按钮。

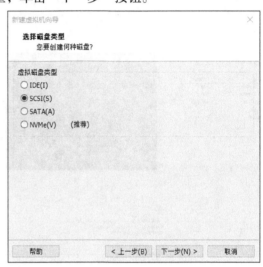

图 1-12　设置虚拟磁盘类型

STEP14 在"选择磁盘"界面中选择"创建新虚拟磁盘"单选按钮，并单击"下一步"按钮。

STEP15 在"指定磁盘容量"界面中设置最大磁盘大小，如图 1-13 所示，在本任务中设置磁盘大小为 60GB，并选择"将虚拟磁盘拆分成多个文件"单选按钮，单击"下一步"按钮。

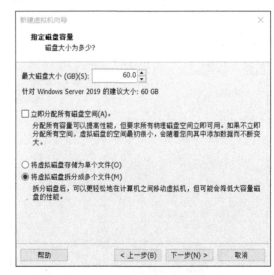

图 1-13　设置虚拟机磁盘容量

STEP16 在"指定磁盘文件"界面采用默认设置，

单击"下一步"按钮。

STEP17 在"已准备好创建虚拟机"界面单击"完成"按钮,完成新建 Windows Server 2019 虚拟机的初始硬件环境配置。

STEP18 返回到 VMware Workstation 工作界面后,如图 1-14 所示,单击虚拟机"Router",在"设备"下方单击"CD/DVD(SATA)"。

图 1-14　设置虚拟机启动方式

STEP19 如图 1-15 所示,在"虚拟机设置"对话框中,选择"使用 ISO 映像文件"单选按钮,单击"浏览"按钮,在"浏览 ISO 映像"对话框中选择下载好的 Windows Server 2019 映像文件,并单击"打开"按钮,最后单击"确定"按钮。

图 1-15　选择 Windows Server 2019 映像文件

STEP20 返回到 VMware Workstation 界面后,单击 Router 虚拟机的"开启此虚拟机"命令,开始安装 Windows Server 2019 虚拟机。

STEP21 在"Windows 安装程序"界面,首先设置 Windows Server 2019 的安装语言、时间和货币格式、键盘和输入法,如图 1-16 所示,设置完成后单击"下一步"按钮,并在接下来的界面中单击"现在安装"按钮。

图 1-16　Windows Server 2019 安装界面

STEP22 如图 1-17 所示,在"激活 Windows"界面文本框中输入有效的 Windows 产品密钥,并单击"下一步"按钮,也可以选择"我没有产品密钥",先安装 Windows Server 2019,在后面再使用 Windows 产品密钥激活 Windows。

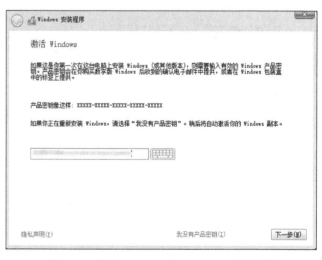

图 1-17　输入 Windows Server 2019 产品密钥

STEP23 在本任务中输入了 Windows Server 2019 Datacenter 的密钥,在"选择要安装的操作系统"界面中可以看到操作系统列表中出现两个选项:Windows Server 2019 Datacenter 是 CLI(命令行界面），这种模式是通过使用命令行工具和终端窗口来与 Windows 操作系统进行交互；Windows Server 2019 Datacenter（桌面体验）是 GUI（图形用户界面），用户可以使用鼠标、键盘和其他输入设备来交互式地控制操作系统和应用程序。如图 1-18 所示，本任务选择桌面体验版，选择后单击"下一步"按钮。

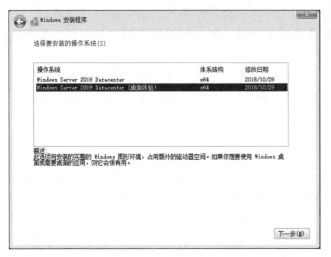

图 1-18　选择 Windows Server 2019 版本

STEP24 在"适用的声明和许可条款"界面中勾选"我接受许可条款"复选框，如图 1-19 所示，单击"下一步"按钮。

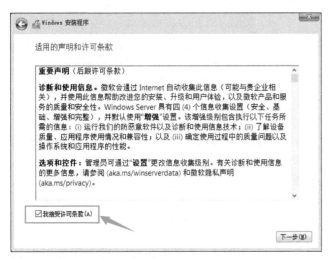

图 1-19　Windows Server 2019 许可条款

STEP25 在"你想执行哪种类型的安装"界面中单击"自定义：仅安装 Windows（高级）"，在"你想将 Windows 安装在哪里"界面中单击"下一步"按钮，等待系统安装完成。

STEP26 系统安装完成后会自动重新启动，并出现如图 1-20 所示"自定义设置"界面，在此界面设

置 Administrator 用户的密码，密码要求为复杂性的密码，设置好密码后单击"完成"按钮。

图 1-20　设置 Administrator 用户密码

STEP27 在登录 Windows Server 2019 系统时需要按 <Ctrl+Alt+Delete> 组合键解锁进入登录界面，由于该组合键默认被宿主机操作系统使用，因此在虚拟机中要使用该组合键时，先在虚拟机主界面中单击鼠标左键，然后再按该组合键，并在随后的界面中单击"取消"，即可进入登录界面；或者在虚拟机主界面单击鼠标左键后，按组合键 <Ctrl+Alt+Insert>（笔记本计算机可能要按组合键 <Ctrl+Fn+Alt+Insert>）进入登录界面；或者在虚拟机主界面单击鼠标左键后，选择"虚拟机"菜单下的"发送 Ctrl+Alt+Del"命令进入登录界面。

STEP28 如图 1-21 所示，在系统登录界面中的密码文本框输入设定的 Administrator 用户密码，按回车键，或单击右侧箭头图标登录系统。

图 1-21　Windows Server 2019 登录界面

任务3 配置计算机名和IP地址

服务器是一种计算机硬件或软件（计算机程序），为其他程序或设备提供功能，其他程序或设备在这里就叫作"客户端"。从广义上讲，服务器是指网络中能对其他机器提供某些服务的计算机系统。从狭义上讲，服务器是专指某些高性能计算机，能通过网络对外提供服务。相对于普通PC来说，稳定性、安全性、性能等方面都要求更高。

Windows Server 2019操作系统是专门为服务器设计的一种可视化操作系统。安装好操作系统后，一般都要给服务器配置静态IP地址，这样有利于提高服务器的安全性、服务可靠性、网络稳定性，简化远程访问过程等。

给计算机命名可以方便判断局域网中的某台机器，确保网络中的每个计算机或服务都可以被正确地识别和定位，从而实现更加高效和准确的通信和数据交换。给计算机命名也可以帮助管理者更好地管理和维护组织中的计算机和网络，以及识别已授权和未授权的设备。

一、配置网络

为了方便学习和测试各项任务，本书涉及的服务器和客户端如果没有特别说明，均将其网络适配器的网络连接模式设置为LAN区段模式。

选定服务器后，在VMware Workstation工作界面的"虚拟机"菜单栏中选择"设置"命令，打开虚拟机设置对话框，如图1-22所示，单击选定网络适配器，在右侧选中"LAN区段"单选按钮，单击"LAN区段"按钮，可以添加新的LAN区段名字或删除LAN区段名字，这里设置LAN区段的名字为"jiaocai"，单击"确定"按钮。

图1-22　网络适配器网络连接模式

二、配置计算机名

STEP01 登录Windows Server 2019成功后，系统会默认打开"服务器管理器"面板，如图1-23所示，单击面板左侧的"本地服务器"选项，然后在右侧"属性"栏中的"计算机名"或"工作组"上单击鼠标左键，打开计算机"系统属性"对话框。

图1-23　服务器管理器面板

👤 **小提示**

登录系统后，也可以在"开始"菜单中找到"Windows系统"下的"此电脑"命令，单击鼠标右键，在弹出的快捷菜单中选择"更多"→"属性"命令，打开"系统"窗口，在"计算机名、域和工作组设置"栏目下单击"更改设置"，也可以打开计算机"系统属性"对话框。

STEP02 如图1-24所示，在"系统属性"对话框的"计算机名"选项中，单击"更改"按钮，打开"计算机名/域"更改对话框。

STEP03 如图1-25所示，在"计算机名/域更改"对话框中的"计算机名"文本框中输入计算机的名称"Router"，然后依次单击"确定"按钮、"确定"按钮和"关闭"按钮，最后单击"立即重新启动"按钮，让系统重新启动以完成计算机名称的修改。

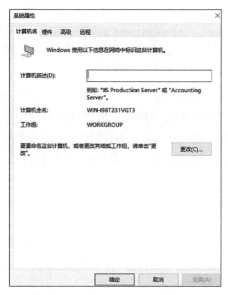

图 1-24　系统属性对话框

图 1-25　更改计算机名称

三、配置 IP 地址

STEP01 登录 Windows Server 2019 系统后，在打开的"服务器管理器"面板单击左侧"本地服务器"选项，如图 1-23 所示，在右侧"属性"栏目下单击"Ethernet0"选项，打开"网络连接"窗口。

STEP02 在"网络连接"窗口中的"Ethernet0"上单击鼠标右键，在弹出的快捷菜单中选择"属性"命令，打开"Ethernet0 属性"对话框，如图 1-26 所示，在"Ethernet0 属性"对话框中将"此连接使用下列项目"列表框的"Internet 协议版本 6（TCP/IPv6）"前面的复选框中的勾取消。

STEP03 选择"此连接使用下列项目"中的"Internet 协议版本 4（TCP/IPv4）"选项，单击"属性"按钮，打开"Internet 协议版本 4（TCP/IPv4）属性"对话框。

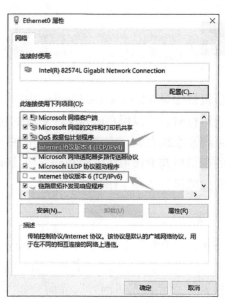

图 1-26　Ethernet0 属性对话框

STEP04 如图 1-27 所示，在"Internet 协议版本 4（TCP/IPv4）属性"对话框中配置网络适配器的 IP 地址、子网掩码和默认网关、DNS 服务器的 IP 地址。

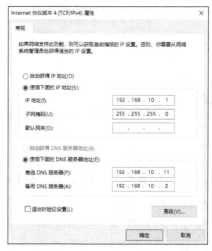

图 1-27　配置网络信息

STEP05 配置完成后，依次单击"确定"按钮、"关闭"按钮，完成 Windows Server 2019 的网络环境配置。

小提示

　　在任务栏托盘中的网络图标上单击鼠标右键，然后选择"打开'网络和 Internet'设置"命令，在"设置"窗口的左侧单击"以太网"选项，在右侧单击"更改适配器选项"，可以打开"网络连接"窗口。或者在"开始"菜单中选择"Windows 系统"下的"控制面板"命令，依次进入"网络和 Internet"窗口、"网络和共享中心"窗口，在"网络和共享中心"窗口中单击"Ethernet0"选项，可以打开"Ethernet0 状态"对话框，再单击"属性"按钮，可以打开"Ethernet0"属性对话框，再按上述步骤设置 IP 地址即可。

任务 4　配置与管理虚拟机快照

虚拟机快照是 VMware Workstation 中的一个特色功能，它是虚拟机磁盘文件（VMDK）在某个点的副本。在虚拟机运行时，可以保存磁盘文件系统的快照，以便在系统崩溃或系统异常时，通过恢复到快照来保持磁盘文件系统和系统存储。虚拟机克隆是指在虚拟机环境中，通过复制一个虚拟机的镜像，创建一个新的虚拟机。新的虚拟机与原虚拟机完全相同，包括操作系统、应用程序、配置文件等。虚拟机克隆可以快速创建多个相同的虚拟机，提高工作效率。

一、虚拟机克隆

STEP01 在虚拟机关机状态下，在 VMware Workstation 软件的"虚拟机"菜单中选择"管理"项中的"克隆"命令，打开"克隆虚拟机向导"界面，如图 1-28，单击"下一页"按钮。

图 1-28　克隆虚拟机向导

STEP02 在"克隆源"界面选中"虚拟机中的当前状态"单选按钮，单击"下一页"按钮。

STEP03 在"克隆类型"界面选择"创建完整克隆"单选按钮，单击"下一页"按钮。

STEP04 如图 1-29 所示，在"新虚拟机名称"界面设置虚拟机名称和新虚拟机的保存位置，然后单击"完成"按钮，克隆完成后单击关闭按钮。

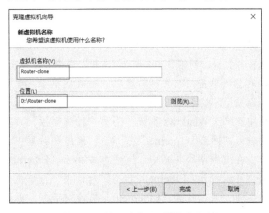

图 1-29　设置虚拟机名称和位置

二、虚拟机快照

做虚拟机快照后，在恢复系统时，都是恢复到做快照时的状态，因此，虚拟机是否关机不影响拍摄快照。

STEP01 在 VMware Workstation 软件界面的"虚拟机"菜单中选择"快照"项下的"拍摄快照"命令。

STEP02 如图 1-30 所示，在"Router- 拍摄快照"对话框的"名称"文本框中设置快照名称，在"描述"文本框中输入描述信息，方便以后在恢复快照时了解恢复后的系统大致情况。

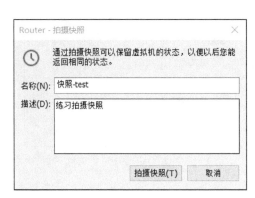

图 1-30　设置虚拟机快照名称

STEP03 单击"拍摄快照"按钮，完成拍摄快照。

STEP04 在"虚拟机"菜单中选择"快照"项目下的对应的快照名称，弹出警告信息，如图 1-31 所示，单击"是"按钮，将系统恢复到拍摄该快照时的状态。

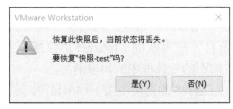

图 1-31　恢复快照

项目小结

Windows Server 2019 提供了高安全性、高可靠性和高可用性的服务。在计算机中，操作系统是负责管理和控制各种硬件设备的程序，它为应用程序和用户提供一个简单有效的环境，并提供文件管理、网络管理、安全管理等各种服务。常见的操作系统包括 Windows、UNIX、Linux 等。虚拟机是一种将底层物理资源抽象为更高级别的虚拟资源的技术，可以提高硬件资源利用率和灵活性。在虚拟化技术中，网络虚拟化是一个重要的方面，VMware 提供了多种网络虚拟化方案，其中包括桥接模式、网络地址转换模式、主机模式和分布式虚拟交换机模式。Windows Server 2019 是基于 Long-Term Servicing Channel 1809 内核开发的一个服务器版本，主要围绕混合云、安全性、应用程序平台、超融合基础设施四个方面实现了很多创新。

项目拓展

一、虚拟技术

虚拟技术是一种计算机技术，它可以创建一个模拟的计算机环境，使得用户可以在该环境中运行操作系统、应用程序和硬件设备。虚拟技术通过将多个物理计算机资源（如 CPU、内存、磁盘空间等）抽象成一个虚拟的计算机环境，为用户提供一种灵活、高效、安全和可扩展的计算方式。虚拟技术的主要应用包括：

1）服务器虚拟化：通过将一台物理服务器划分为多个虚拟服务器，可以实现资源的高效利用，从而降低能源消耗，有助于实现碳达峰和碳中和的目标。

2）桌面虚拟化：用户可以在远程服务器上使用虚拟桌面环境，这有助于减少对本地硬件设备的需求，从而降低能源消耗和碳排放。此外，通过使用云计算服务，企业可以更容易地管理和扩展其 IT 基础设施，以适应不断变化的需求。

3）存储虚拟化：通过将多个物理存储设备抽象成一个逻辑存储池，可以提高存储设备的利用率和灵活性，同时也可以降低成本和管理难度。

4）网络虚拟化：通过将多个物理网络设备抽象成一个逻辑网络，可以提高网络的利用率。此外，通过使用软件定义网络（SDN）技术，网络管理员可以更好地监控和管理网络资源，从而实现更高效的能源管理。

二、国产操作系统的优势与现实意义

国产操作系统是指由我国政府或企业自主开发的、完全基于本土技术的操作系统。目前，国内已经有一些自主研发的操作系统，如中标麒麟、UOS、Deepin、HarmonyOS 等。这些操作系统在功能和性能上与国外主流操作系统相比，还有一定的差距，但随着技术的不断进步和投入的加大，国产操作系统也在逐步发展壮大。

5G、互联网等数字化产业的大力发展带来了许多数字化发展机遇。其中操作系统作为数字基础设施的底座，已经成为推动产业数字化、智能化发展的核心力量。发展国产操作系统具有以下优势与现实意义：

1. 国产操作系统的优势

1）自主可控：国产操作系统可以完全自主开发和控制，不受外部技术限制，具有更高的安全性和稳定性。

2）支持本土化应用：国产操作系统可以更好地支持本地应用程序和软件，提高用户的使用体验。

3）促进国内 IT 产业发展：发展国产操作系统可以促进国内 IT 产业的发展，提高国家在信息技术领域的竞争力。

4）减少对国外技术的依赖：国产操作系统可以减少对国外技术的依赖，降低国家安全风险。

2. 国产操作系统的现实意义

1）增强国家信息安全保障能力：通过发展国产操作系统，可以增强国家信息安全保障能力，防范网络攻击和信息泄露等安全威胁。

2）推动信息技术自主创新：发展国产操作系统可以推动信息技术自主创新，提高我国在核心技术领域的自主创新能力。

3）提高国家软实力：发展国产操作系统可以提高国家软实力，增强国际影响力和话语权。

4）促进国内经济发展：发展国产操作系统可以促进国内经济的发展，带动相关产业链的发展，增加就业机会。

三、使用命令方式配置网络信息

在 Windows Server 2019 中除了使用图形界面配置网络信息外，还可以用命令的方式配置网络信息，如 IP 地址配置为 172.16.10.1，子网掩码为 255.255.255.0，网关为 172.16.10.254，首选 DNS 服务器为 114.114.114.114，备选 DNS 服务器为 8.8.8.8。

STEP01 用鼠标右键单击"开始"菜单，在弹出的快捷菜单中选择"运行"命令，在弹出的"运行"对话框文本框中输入"CMD"，然后单击"确定"按钮（或按回车键），进入 CMD 命令模式。

STEP02 在命令提示符下输入命令"ipconfig /all"，查看系统网络配置信息，如图 1-32 所示。

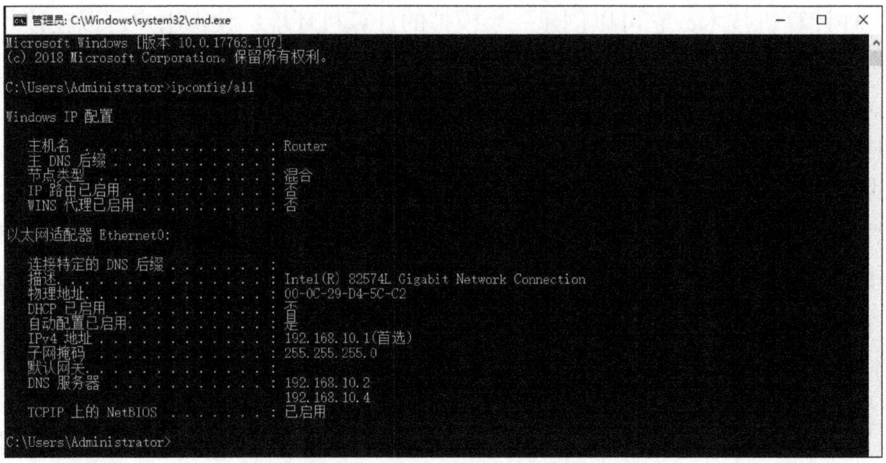

图 1-32　使用 ipconfig 命令查看网络配置信息

STEP03 在命令提示符下使用"netsh interface"命令配置网络信息，如图 1-33 所示。其中，第 1 条命令是配置计算机的 IP 地址、子网掩码和网关信息；第 2 条命令是配置计算机的首选 DNS 服务器；第 3 条命令是配置计算机的备用 DNS 服务器。设置完成后可以再使用"ipconfig/all"命令查看网络配置信息。

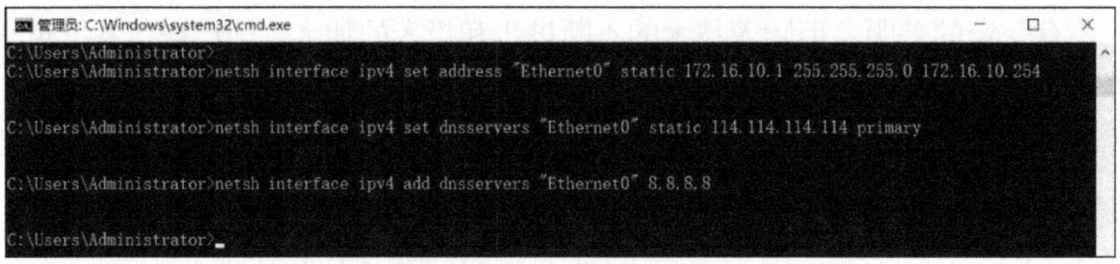

图 1-33　使用 netsh interface 命令配置网络信息

练习

一、选择题

1. Windows Server 2019 安装完成后，用户第一次登录系统使用的账户是（　　　）。

　　A．admin　　　　　　　B．root　　　　　　　C．guest　　　　　　　D．Administrator

2. 在 Windows Server 2019 登录系统时，按（　　　）组合键可以进入到系统登录界面。

   A．<Ctrl+Alt+Delete>   B．<Ctrl+Alt+Insert>

   C．<Ctrl+Space>   D．<Alt+Tab>

3. 在下列选项中，（　　　）不是 VMware 的网络连接方式。

   A．Bridge   B．NAT   C．Host-Only   D．Route

4. 以下操作系统不属于网络操作系统的是（　　　）。

   A．UNIX   B．Linux   C．DOS   D．Windows Server 2019

二、简答题

1. 什么是虚拟化技术？它主要通过哪种方式模拟出完整的计算机系统？

2. 在 VMware 组网模式中，桥接模式、网络地址转换模式和主机模式有什么区别？

项目 2

用户和组的管理

学习目标

知识目标

- 了解用户和组的基本概念。
- 了解用户和组的类型。
- 掌握用户和组的权限的继承性的概念与应用。

技能目标

- 能够创建本地用户账户和本地用户组。
- 能够修改本地用户账户和本地用户组的属性。

素养目标

- 培养良好的信息安全意识，提升自我保护意识。
- 培养团队合作精神，提升沟通和协作能力。
- 培养自主学习能力，提升独立学习和解决问题的能力。

项目描述

　　KIARUI 科技有限公司配置了服务器并安装了 Windows Server 2019 操作系统后，公司各部门的员工都需要访问服务器资源。为了方便管理和控制员工的访问权限，技术部的网络管理员需要为每个部门的员工创建一个本地用户账户，并将其添加到相应的部门或团队用户组中。这样，管理员可以轻松地管理这些用户账户及用户的访问权限，确保每个员工只能访问他们需要的文件和应用程序等资源。

知识准备

用户和组是计算机中非常重要的概念。在 Windows 系列操作系统中，用户和组被用来授权和控制对计算机资源的访问权限。通过用户和组的管理，可以限制不同用户对计算机资源的访问权限，保护计算机资源的机密性和安全性。

一、账户的基本概念

在计算机操作系统中，用户是指实际使用系统的人或程序。每个用户都有一个唯一的用户名和密码，用于验证其身份并控制其对系统资源的访问权限。账户则是指操作系统中用于管理用户身份的基本实体，包括用户账户、组账户和系统账户等。每个账户都有一个唯一的标识符（通常是用户名）和相关的权限信息，用于控制该账户对系统资源的访问权限，并用于保护系统的安全性。

简单来说，在计算机操作系统中，用户是指实际使用系统的人或程序。账户则是管理用户身份和权限的机制，用于控制访问文件和资源的能力，保护系统的安全性。

每个操作系统账户都有一个唯一的标识符，称为用户名。密码通常用于验证用户身份。每个账户都有一组权限，用于控制用户对系统资源的访问。这些权限可以是读、写、执行、创建、修改或删除文件和目录等。

在 Windows 系列操作系统中，允许管理员创建和管理组账户，以管理一组用户的权限。当一个用户成员加入某个组时，则该用户也将被赋予该组的所有权限。用户也可以同时属于多个组，并且拥有他所加入组的所有权限。

操作系统账户必须从具有系统管理员权限的账户上创建，保证系统安全。每个操作系统都有一个默认的管理员账户，通常称为 root 或 Administrator 账户，在该账户下可以执行系统级别的操作。其他账户通常指普通用户的账户，用于执行常规任务，例如，打开应用程序、创建文件或访问网络。

二、账户的作用

Windows Server 2019 是一个多用户、多任务的网络操作系统，任何需要使用系统资源的用户都需要向系统管理员申请一个账户，然后用该账户进入系统。账户的作用主要表现在以下几个方面。

1）实现用户身份验证：用户账户和组账户是操作系统中用于验证用户身份的基本实体，通过用户名和密码等验证方式来确保只有授权的用户才能访问系统资源。

2）实现访问权限控制：通过将用户分配到不同的组中，可以实现对不同类型用户的访问权限进行灵活的管理和控制，从而保护系统的安全和稳定。

3）实现多级权限管理：通过将用户分配到不同的组中，可以实现对不同级别用户的访问权限进行灵活的管理和控制，从而满足不同用户的需求。

4）实现用户管理：通过管理用户账户和组账户，可以方便地管理系统中的用户信息，包括添加、删除、修改等操作。

三、本地用户账户

本地用户账户是指在计算机本地创建的用户账户。它与网络账户不同，不需要连接到网络。本地用户账户可用于登录计算机、访问文件和程序，以及进行诸如更改计算机设置等任务。

在 Windows 系列操作系统中，可以通过控制面板或设置应用程序创建本地用户账户。这些账户可以是管理员账户或标准账户。管理员账户具有完全控制权，可以更改计算机设置、安装软件等；而标准账户只能进行一些基本操作，如访问文件和程序。

本地用户账户通常可以设置一个用户名和密码，用于登录和验证身份。如果使用了密码，建议定期更换密码以提高安全性。同时，本地用户账户也可以通过管理工具进行管理，如更改账户类型、重置密码等。

四、内置账户

内置账户是指安装操作系统时自动创建的预设用户账户，这些账户一般不可删除。常见的内置账户包括管理员账户、Guest 账户等。由于内置账户的权限较高，一旦被黑客攻破，将有可能对系统造成极大威胁，因此保护内置账户的安全至关重要。一般来说，关闭 Guest 账户，修改管理员账户的名称和密码、定期更改密码，可以增强系统安全性。

在 Windows Server 2019 中，有以下几个内置账户：

1）Administrator：管理员账户，默认情况下拥有最高权限，可以访问和控制服务器上的所有资源。

2）Guest：访客账户，默认情况下是未启用的，如果启用，则拥有非常有限的访问权限，只能访问服务器中共享的一些资源。

3）DefaultAccount：默认账户，仅管理员账户能够访问，用于安全模式中操作系统的完全安装。

4）WDAGUtilityAccount：WDAGUtilityAccount 账户是系统为 Windows Defender 应用程序防护方案管理和使用的用户账户。默认情况下，除非在设备上启用了应用程序防护，否则它保持禁用状态。

五、用户账户的命名规则

在 Windows Server 2019 中，一个用户账户包含了用户的名称、密码、所属组、个人信息、通信方式等内容。在添加一个用户账户后，系统会自动分配一个安全标识（SID）。在添加用户账户时，一个有效的用户名需符合操作系统的用户命名规则。Windows Server 2019 的用户命名规则如下：

1）用户名必须以字母或数字开头，可以包含字母、数字、点（.）、下划线（_）和连字符（-）。

2）用户名最多可以包含 20 个字符，输入时可超过 20 个字符，但只识别前 20 个字符。

3）用户名不能使用系统保留字符：*、"、\、/、[、]、:、|、<、>、+、=、;、,、?、@。

4）用户名不区分大小写。

5）用户名唯一，不能与已有的用户账户重复。

6）用户名不能只由点（.）和空格组成。

7）为了维护计算机的安全，每个账户必须设置密码。

建议在命名用户账户时遵循一定的规范，以便于管理和维护。例如，可以按照部门、职位或功能命名。同时，尽量避免使用过于简单或容易重复的名称，以增强安全性。

六、组的类型和作用域

在 Windows Server 2019 系统中，组（Group）是一组用户的集合，通常按照其共享的角色或授权进行命名。组可以用来为用户分配权限，让他们能够访问和使用不同的资源和文件。通过将用户添加到不同的组中，可以分配不同的权限和特权，以满足不同的安全需求。组的类型和作用域如下：

1）本地组（Local Group）：只存在于本地计算机中，可以用于对本地计算机上的用户和组进行管理。

2）全局组（Global Group）：可以跨域使用，即在同一域下的任何计算机都可以使用该组。一般用于对不同计算机中的用户进行管理。

3）通用组（Universal Group）：在 Windows 的 Active Directory 环境中，通用组用于在整个森林（Forest）中的所有域中使用，不仅包括本地域，还包括任何信任的外部域。它们通常用于跨多个域提供统一的权限和访问控制，以确保在整个森林范围内一致地管理用户和资源的访问。通用组可以包含来自森林中任何域的用户账户、全局组以及其他通用组作为成员，允许管理员实现复杂的跨域权限和访问策略。

4）内置组：内置组是指在 Windows Server 2019 操作系统中自带的一些特殊的预定义组。这些组具有特殊的权限和功能，例如，Administrators 组、Domain Admins 组、Users 组等。

5）作用域：作用域指的是组的使用权限范围，主要分为：本地作用域（Local Scope）：只能在本地计算机中使用；全局作用域（Global Scope）：可以在整个域中使用。

七、默认本地组

默认本地组是在安装操作系统时自动创建的，如图 2-1 所示。如果一个用户属于某个本地组，则该用户就具有在本地计算机上执行各种任务的权利和能力。可以向本地组添加本地用户账户、域用户账户、计算机账户以及组账户。常见的本地组有 Administrators（管理员组）、Users（普通用户组）、Guests（访客组）、Power Users（高级用户组）、Developers（开发人员组）、Security（安全组）、Network Service（网络服务组）。

图 2-1　Windows Server 2019 默认本地组

八、用户权限

用户权限指的是用户可以在系统或应用程序中进行的操作和访问的范围。这些权限可能包括读取、写入、执行、删除文件或文件夹、修改系统设置等。在大多数系统中，用户权限通常被分为不同的级别，如管理员、超级用户或普通用户，每个级别拥有不同的权限。管理员账户拥有最高的权限，可以对系统进行修改，而普通用户只能访问其分配的资源。通过控制用户的权限，可以保障系统和数据的安全性。

九、用户属性

用户属性是指关于 Windows Sever 2019 的操作系统中用户的基本信息。这些属性可以用来标识用户、鉴别用户并确定用户能访问哪些资源。以下是一些常见的 Windows 用户属性：

1）用户名：这是用户登录 Windows 系统时使用的名称。

2）密码：密码登录是保护用户账户的关键措施。

3）用户组：Windows 系统中的用户通常都属于一个或多个用户组。用户组是定义一组用户并为该组分配特定权限的一种方式。

4）锁定状态：如果用户多次输入错误密码，账户则会被锁定。突出此属性可以确定用户是否被锁定。

5）账户类型：在 Windows 系统中，有多种类型的用户账户，包括管理员、标准用户和访客账户。

6）最后登录时间：记录每个用户账户的最后一次登录时间。

7）有效期限：可以按日期或时间段限制用户访问 Windows 系统。

8）容量限制：指定用户可以使用的空间容量。

9）个人资料路径：每个 Windows 用户有一个个人资料路径，用于储存个人桌面设置、文档以及其他个人文件。

10）计划任务：可以指定 Windows 系统上的用户计划任务。

项目实施

Windows Server 2019 是一个多用户、多任务的服务器操作系统。网络管理员现在准备为 KIARUI 公司创建用户账户，方便员工访问服务器资源。为了便于管理，管理员要做好以下几个方面的事情。

1）规划和设计：首先确定需要创建和管理的用户角色和访问权限，然后设计一个本地安全策略来管理这些用户的访问权限。

2）创建本地用户账户：根据规划和设计，为每个用户创建一个本地用户账户，并为其设置密码、账户名称和所属组等信息。

3）创建本地用户组：为不同的用户角色创建相应的本地用户组。例如，为市场部创建一个名为"Marketing"的本地用户组，为技术部创建一个名为"IT"的本地用户组。

4）将用户添加到本地用户组中：创建本地用户账户和本地用户组后，将每个用户添加到相应的本地用户组中，有利于管理和控制他们的访问权限。

5）用户账户与组规划见表 2-1。

表 2-1　用户账户与组规划表

部门	用户组名	用户账户	组权限	初始密码
人力资源部	HR	HR1、HR2、HR3	普通用户	
财务部	Finance	Fina1、Fina2、Fina3	普通用户	
市场部	Marketing	Mark1、Mark2、Mark3	受限用户	China@Skills
技术部	IT	IT1、IT2、IT3	管理员	
生产部	Production	Prod1、Prod2、Prod3	受限用户	
销售部	Sales	Sale1、Sale2、Sale3	受限用户	

注：在后续项目中会进行详细的相关用户账户和组的安全策略配置，因此在本项目中暂不做安全策略配置。

任务 1　创建与管理本地用户账户

在 Windows Server 2019 操作系统中，有多种方法来创建和管理用户和组。在本项目中以创建市场部和技术部的组和用户为例来介绍创建用户和组的方法。

一、创建用户账户

STEP01 在"服务器管理器"仪表板的"工具"菜单中选择"计算机管理"命令，打开"计算机管理"窗口。

小提示

要打开"计算机管理"窗口，也可以在"开始"菜单中选择"Windows 管理工具"下的"计算机管理"命令，或单击"开始"屏幕中的"Windows 管理工具"，在"管理工具"窗口中打开"计算机管理"。

STEP02 如图 2-2 所示，在"计算机管理"窗口的左边依次展开"系统工具"→"本地用户和组"，在"用户"上单击鼠标右键，再选择"新用户"。

图 2-2　新建用户

STEP03 如图 2-3 所示，在"新用户"对话框中输入用户的相关信息，单击"创建"按钮，完成用户的创建。在"新用户"对话框中继续输入用户的相关信息，可以创建多个用户。

图 2-3　设置新用户账户相关信息

STEP04 用户创建完成后，在"新用户"对话框中单击"关闭"按钮，如图 2-4 所示为新创建的用户。

图 2-4　用户账户列表

二、"新用户"对话框中的选项说明

在"新用户"对话框的各选项说明如下：

1）用户名：用户登录时需要输入的账户名称。

2）全名：用户的完整名称，不影响系统功能。

3）描述：用来描述此用户的文字说明，方便管理员识别此用户，不影响系统功能。

4）密码：用户登录时使用的密码。

5）确认密码：再次输入密码来防止密码输入错误。

6）用户下次登录时须更改密码：勾选了复选框后，用户下次登录时，强制用户更改密码。更改后的密码只有用户自己知道，可以保证安全性。如果用户要通过网络来登录，请不要选择此项，否则用

户将无法登录，因为网络登录时用户无法更改密码。

7）用户不能更改密码：选择此项后用户将不能更改密码。如果不选择此项。用户可以在登录后，按 <Ctrl+Alt+Delete> 组合键来更改密码。

8）密码永不过期：Windows Server 2019 系统默认 42 天后密码会过期，将要求用户更改密码。如果选择此项，则系统永远不会要求该用户更改密码。

9）账户已禁用：可以防止用户利用此账户登录。如果新进员工还没来报道，但已经预先为其建立了账户，可以勾选此项将该用户禁用，被禁用的用户账户前面会有一个向下的箭头符号。Guest 账户默认就是被禁用的。

三、使用新用户账户登录系统

创建用户账户后，就可以新用户登录 Windows Server 2019。

STEP01 按 <Ctrl+Alt+Delete> 组合键，在弹出的如图 2-5 所示画面中选择"切换用户"或"注销"计算机。

图 2-5　切换用户

STEP02 再按 <Ctrl+Alt+Delete> 组合键，在登录界面的左边单击要登录的用户账户（如 Mark1），在密码框中输入该用户账户的密码，可以登录计算机，如图 2-6 所示。

STEP03 按同样的方法进行用户切换，可以使用不同的用户账户登录到计算机。新创建的用户都为普通用户，只具有普通用户权限，可以运行大部分应用程序，但不能修改操作系统的设置、不能更改其他用户的数据、不能关闭计算机。

图 2-6　登录操作系统

四、修改本地账户

使用 Administrator 用户账户登录计算机，在"计算机管理"窗口中可以对用户账户进行修改操作。在用户 IT1 上单击鼠标右键，可以通过快捷菜单中的命令对用户进行修改操作，如图 2-7 所示。

1）设置密码：可以更改用户的密码。

2）删除：删除此用户。

3）重命名：更改用户的账户名。

4）属性：单击"属性"命令可以打开此用户的"属性"对话框，如图 2-8 所示，在该对话框中可以修改用户账户的其他相关数据。

图 2-7　修改用户账户

图 2-8　用户账户属性对话框 1

任务 2 创建与管理组账户

合理使用组来管理用户账户，可以减轻网络管理员的管理负担，同时可以更好地控制和运用系统的资源，提高系统安全性。

一、创建组账户

STEP01 打开"计算机管理"窗口。

STEP02 在"计算机管理"窗口的左边依次展开"系统工具"→"本地用户和组"，在"组"上单击鼠标右键，再选择"新建组"。

STEP03 如图 2-9 所示，在"新建组"对话框中输入组的相关信息后单击"创建"按钮。

图 2-9 新建本地组账户

二、将用户账户添加到组账户

将用户账户添加到组账户，有多种方法。下面介绍两种基本方法。

方法 1：

STEP01 如将用户账户 IT1 添加到 IT 组，打开"IT1 属性"对话框，如图 2-10 所示，单击"隶属于"选项卡，再单击"添加"按钮。

STEP02 在"选择组"对话框的"输入对象名称来选择"文本框中输入 IT 组的名字"IT"，如图 2-11 所示，单击"确定"按钮。

STEP03 返回"IT1"属性对话框之后，单击可以看到"隶属于"列表中出现"IT"组，如图 2-12 所示。如果要将该用户添加到其他组，继续按上述方法添加组即可。添加完组之后单击"应用"按钮，可以继续对该用户做其他设置，或者单击"确定"按钮，结束配置。

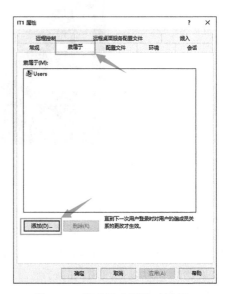

图 2-10 用户账户属性对话框 2

图 2-11 选择组

图 2-12 用户账户属性对话框 3

方法 2：

STEP01 在"计算机管理"窗口的左边依次展开"系统工具"→"本地用户和组"，单击"组"。

STEP02 在窗口右侧要添加用户账户的组上单击鼠标右键，选择"添加到组"。

STEP03 如图 2-13 所示，要在 Marketing 组中添加成员，在"Marketing 属性"对话框中，单击"添加"按钮。

图 2-13　Marketing 属性对话框

STEP04 如图 2-14 所示，在"选择用户"对话框的"输入对象名称来选择"文本框中输入要添加的用户账户，再单击"确定"按钮。如果一次添加多个用户账户，可以使用英文标点符号"；"（分号）将用户账户分隔。

图 2-14　选择用户

STEP05 返回"Marketing 属性"对话框后，可以看到在对话框的"成员"列表中出现添加的用户账户，单击"应用"按钮后可以继续添加其他成员，或单击"确定"按钮，结束添加成员。

项目小结

Windows Server 2019 操作系统中的用户和组是通过授权和控制计算机资源访问权限来实现的。每个用户都有一个唯一的用户名和密码，用于验证其身份并控制其对系统资源的访问权限。账户是操作系统中用于管理用户身份的基本实体，包括用户账户、组账户和内置账户。在 Windows 系列操作系统中，允许管理员创建和管理组账户，以管理一组用户的权限。通过将用户分配到不同的组中，可以实现对不同类型用户的访问权限进行灵活的管理和控制，从而保护系统的安全和稳定。内置账户是指安装在操作系统中的预设用户账户，这些账户不可删除且具有系统最高权限。用户权限指的是用户可以在系统或应用程序中进行的操作和访问的范围。通过控制用户的权限，可以保障系统和数据的安全性。

项目拓展

一、密码安全

密码的作用是保护信息安全，防止未经授权的访问和使用。密码技术是保障网络与信息安全的核心技术和基础支撑，通过加密保护和安全认证两大核心功能，可以完整实现防假冒、防泄密、防篡改、防抵赖等安全需求，在网络空间中扮演着"信使""卫士"和"基因"的重要角色。在使用密码时最好做到以下这几个方面：

1）使用强密码：强密码应该包含至少 8 个字符，包括大小写字母、数字和特殊符号（如 @！# $ % ^

& * 等）。避免使用容易被猜到的密码，如生日、姓名等。

2）不要重复使用密码：不要在多个网站或应用程序中使用相同的密码。如果一个账户被黑客攻击，其他账户也可能受到威胁。

3）定期更改密码：定期更改密码可以减少密码被破解的风险。建议每 3 个月更改一次密码。

4）启用双因素认证：启用双因素认证可以增加账户的安全性。即使密码被泄露，攻击者也需要第二个验证步骤才能访问账户。

5）不要将密码保存在计算机或手机上：不要将密码保存在计算机或手机的记事本、浏览器历史记录或其他不安全的地方。这些地方可能被黑客攻击或窃取。

6）避免使用公共 Wi-Fi：在使用公共 Wi-Fi 时，不要登录敏感账户，因为这些网络可能存在安全漏洞。

7）注意电子邮件诈骗：不要单击来自陌生人的电子邮件中的链接或下载附件。这些链接可能会导致恶意软件感染计算机或窃取个人信息。

8）安装防病毒软件：安装防病毒软件可以帮助检测和清除恶意软件，保护计算机免受攻击。

二、PowerShell 方式创建用户账户和组

在 CMD 命令模式下可以建立用户和组，并对用户和组进行相关的操作，有关命令如下：

1）新建用户。

```
net user 用户名密码 /add
```

2）新建组。

```
net localgroup 组名 /add
```

3）将用户加入组。

```
net localgroup 组名用户名 /add
```

4）删除用户。

```
net user 用户名 /delete
```

5）删除组。

```
net localgroup 组名 /delete
```

6）一次性建立多个用户。

```
for /L %i in （1,1,100） do net user HR%i 密码 /add
```

在该命令中，"for"表示 for 循环；"/L"是参数，用于指定循环计数器的范围；"%i"表示循环计数器的变量名，"in（1,1,100）"表示变量 i 的取值从 1 开始，每次增加 1，直到 100 为止；do 表示执行后面的命令；"HR%i"表示执行命令后依次创建的用户账户名为"HR1、HR2、HR3……直到循环结束。

练习

一、选择题

1. 下列账户名中不是合法的账户名的是（　　　）。

 A. Financ*   B. teac#3   C. st1=1   D. abc_123

2. Windows Server 2019 中默认的管理员账户是（　　　）。

 A. admin   B. Administrator C. supervisor D. root

3. 默认情况下，Windows Server 2019 系统中的以下（　　　）账户是被禁用的。

 A. DefaultAccount B. Guest   C. Administrator D. Administrators

4. Windows Server 2019 系统中的内置组不包括（　　　）。

 A. Administrators B. Guests   C. Users   D. RDS

5．以下说法不正确的是（　　　）。

　　A．在 Windows 系列操作系统中，用户名区分大小写

　　B．一个用户账户只能属于一个组账户

　　C．一个组账户中可以包含多个用户账户

　　D．用户可以使用一个组账户登录系统

6．在 Windows 系列操作系统中，用户的唯一标识符通常是（　　　）。

　　A．姓名　　　　　　　　　B．用户名　　　　　　　　C．密码　　　　　　　　D．身份证号码

二、简答题

1．简要说明用户账户的基本概念及其在计算机操作系统中的作用。

2．简要说明组的类型和作用域。

项目 3

磁盘的配置与管理

学习目标

知识目标

- 了解磁盘的类型和存储原理。
- 理解磁盘分区的基本概念和必要性。
- 掌握 Windows Server 中的磁盘管理工具和基本操作。
- 掌握动态磁盘和基本磁盘的区别和适用场景。
- 熟悉磁盘的性能优化与故障排除。

技能目标

- 能够使用 Windows Server 的磁盘管理工具进行磁盘的初始化和分区。
- 能够进行基本磁盘和动态磁盘的转换。
- 能够配置和管理 RAID。
- 能够备份和还原磁盘分区。
- 能够使用工具进行磁盘性能的监控和分析。

素养目标

- 具备解决磁盘配置与管理问题的能力。
- 培养良好的信息安全意识，提升自我保护意识。
- 培养团队合作精神，提升沟通和协作能力。
- 具备自主学习新知识的能力，能够不断更新自己的知识储备以适应不断变化的 IT 技术环境。

项目描述

随着 KIARUI 科技有限公司业务的快速发展，公司数据量也呈现出快速增长的趋势。为了更好地满足业务需求并确保数据安全，公司决定对现有的磁盘配置进行优化管理。为此，公司的网络管理员对服务器和存储设备进行全面检查和分析，准备实施一套高效、安全的磁盘配置方案，以满足其业务需求并确保数据的安全性。

知识准备

磁盘是计算机系统中的主要存储设备，具有容量大、存取速度快、支持随机存取等特点，因此被广泛应用于计算机系统中。随着数据量的不断增长，如何合理有效地利用和管理磁盘资源成为一个重要的问题。

一、磁盘类型和存储原理

在磁盘的配置与管理中，了解磁盘的类型和存储原理是非常重要的。

1. 存储介质的种类和特点

磁盘存储介质是记录数据的载体，根据材质的不同可以分为磁性介质和非磁性介质两种。磁性介质包括机械硬盘和固态硬盘中的闪存芯片等；非磁性介质包括光盘、U盘等。各种存储介质都有自己的特点和优缺点，因此在选择时需要根据实际需求进行选择。

2. 机械硬盘（HDD）的工作原理和优缺点

机械硬盘是一种传统的硬盘类型，它由一个或多个旋转的盘片组成，每个盘片表面都涂覆了一层磁性材料。当盘片旋转时，磁头会悬浮在盘片表面上方，并通过电流来改变磁性材料的磁极方向，从而记录下数据。读取数据时，磁头会感应到磁性材料的磁极方向，并将其转换成电信号，最终还原成原始数据。

机械硬盘的优点是容量大、价格便宜、可靠性较高、寿命长等。但是，机械硬盘的缺点也很明显，如速度慢、易损坏、怕震动等。

3. 固态硬盘（SSD）的工作原理和优缺点

固态硬盘是一种新兴的硬盘类型，它采用半导体存储技术，因此也被称为电子硬盘。固态硬盘内部由多个闪存芯片和其他电子元件组成，每个闪存芯片都可以存储数据，并通过电子接口与主控芯片通信。

固态硬盘的优点是速度快、不怕震动、体积小、重量轻等。由于没有机械部件，因此固态硬盘的读写速度要比机械硬盘快很多，同时也不会出现机械故障等问题。但是，固态硬盘的缺点也很明显，如容量小、价格高、寿命相对较短等。

二、磁盘分区

磁盘分区是磁盘配置与管理中的基础操作之一，它是指将一个物理磁盘划分为多个逻辑磁盘，以便能够更好地管理和使用磁盘资源。在Windows Server操作系统中，常见的分区方式包括MBR和GPT两种。

1. 分区的必要性

进行磁盘分区的原因主要有以下几点：

● 提高磁盘管理效率：通过将一个物理磁盘划分为多个逻辑磁盘，可以更好地组织和管理磁盘上的文件和数据，提高磁盘的管理效率。

● 提高数据安全性：将重要的数据分别存储在不同的逻辑磁盘上，可以降低因单个磁盘损坏而丢失数据的风险。

● 方便备份和还原：通过分区备份和还原操作，可以更快、更方便地备份和还原整个磁盘或某个逻辑磁盘的数据。

2. Windows Server常见分区方式

在Windows Server中，常见的分区方式包括MBR和GPT两种。

1）MBR分区表：Master Boot Record（MBR）是传统的分区方式，它只支持将一个磁盘划分为四个主分区，其中一个主分区可以扩展为逻辑分区。但是，MBR不支持超过2TB的磁盘分区，因此逐渐被

GPT 所取代。

2）GPT 分区表：GUID Partition Table（GPT）是新的分区方式，它支持将磁盘划分为无限个分区，并且支持超过 2TB 的磁盘分区。GPT 分区表的优点包括支持大容量磁盘、支持多个分区的创建和管理等。

3. 分区的基本步骤和注意事项

1）进行磁盘分区的基本步骤如下：

- 选择要分区的物理磁盘。
- 选择分区表类型（MBR 或 GPT）。
- 根据需要创建主分区，扩展分区或卷。
- 对每个分区进行格式化操作。

2）在进行分区操作时，需要注意以下几点：

- 在进行分区操作前，务必备份重要数据，以防意外数据丢失。
- 在进行分区操作时，要选择正确的分区表类型，以免造成后续使用上的不便。
- 在进行分区操作时，要根据实际需求合理规划分区数量和大小，以充分利用磁盘资源并提高系统性能。

三、磁盘管理工具

在 Windows Server 操作系统中，磁盘管理工具是用来管理和维护磁盘的。其中，最常用的工具包括磁盘管理器、PowerShell 命令行工具等。

1. 磁盘管理器

磁盘管理器是 Windows Server 内置的一个图形化界面管理工具。通过磁盘管理器，可以进行磁盘的管理和配置、查看磁盘的详细信息、创建新的分区、格式化磁盘等操作。

使用磁盘管理器进行磁盘管理的步骤如下：

1）打开"计算机管理"控制台，在左侧窗格中选择"存储"选项。

2）在右侧窗格中选择"磁盘管理"选项，即可打开磁盘管理器。

3）在磁盘管理器中，可以看到当前系统中所有物理磁盘的详细信息，包括磁盘的容量、可用空间、已用空间等。

4）通过右键菜单可以对磁盘进行分区、格式化、备份和还原等操作。

2. PowerShell 命令行工具

PowerShell 是 Windows Server 内置的一个强大的命令行工具，它可以用于自动化管理和配置系统任务。通过 PowerShell 可以执行各种磁盘管理任务，如创建分区、格式化磁盘、备份和还原数据等。

使用 PowerShell 进行磁盘管理的步骤如下：

1）打开 PowerShell 控制台，输入"diskpart"命令，进入命令行磁盘管理状态。

2）在命令行磁盘管理状态下，可以执行各种磁盘管理任务，如创建分区、格式化磁盘等。

3）通过 PowerShell 命令行工具，还可以执行其他高级任务，如设置磁盘属性、查看磁盘详细信息等。

四、基本磁盘和动态磁盘

在 Windows Server 2019 操作系统中，磁盘可以分为动态磁盘和基本磁盘两种类型。

1. 基本磁盘

基本磁盘（BasicDisk）是 Windows Server 默认的磁盘类型，也是最为常见的一种磁盘类型。基本磁盘只能创建四个主分区，并且只能有一个扩展分区。此外，基本磁盘只能包含 255 个逻辑驱动器。因此，基本磁盘的局限性较大，无法满足一些高级需求。

1）主分区：主分区（Primary Partition）是基本磁盘上必须存在的分区，它是构成逻辑 C 磁盘的重要组成部分。主分区包含主引导程序，主要用于检测硬盘分区的正确性，确定活动分区，并将引导权移交给活动分区的操作系统。主分区最多可以有四个，最少必须有一个。每个主分区都被赋予一个盘符，如 C、D、E 等。

2）扩展分区：扩展分区（Extended Partition）相当于一个独立的小磁盘，它有独立的分区表。扩展分区不能独立存在，也就是说它不能直接存放数据，必须在扩展分区上建立逻辑分区才能存放数据。

3）逻辑分区：逻辑分区（Logical Partition）建立在扩展分区之上，它存放的是任意普通数据。一个扩展分区可以包含多个逻辑分区，根据需要可以动态地创建、删除和调整大小。逻辑分区与主分区一样，都被赋予一个盘符，但它们的盘符只在扩展分区范围内有效，例如 E、F、G 等。

2. 动态磁盘

动态磁盘（DynamicDisk）是一种高级的磁盘类型，它可以将多个基本磁盘组合成一个单一的卷，称为动态卷。动态磁盘突破了基本磁盘的一些限制，例如，分区数量的限制和扩展分区的限制等。此外，动态磁盘还可以提供一些高级功能，如数据备份和还原、镜像卷等。因此，动态磁盘适用于需要高级存储管理功能和高可靠性的场景。

在动态磁盘上，分区称为动态卷，它是 Windows 操作系统中的一个逻辑单元，是由一个或多个物理磁盘上的分区组成，通常用来组织和管理磁盘上的数据。卷主要分为简单卷、带区卷、跨区卷、镜像卷和 RAID-5 卷。

1）简单卷：简单卷是动态磁盘上的一部分，它可以像基本磁盘中的主分区一样工作，即当且只有一个动态磁盘时，简单卷是可以创建的唯一卷。

2）跨区卷：跨区卷是由多个物理磁盘空间组成，可以动态扩展空间，至少需要两块磁盘组成，最多扩展到 32 个动态磁盘。

3）带区卷：带区卷是在两个或多个物理磁盘构成，是 Windows 所有卷中读写速度最快的卷。

4）镜像卷：镜像卷有且仅有两个磁盘构成，磁盘容量大小必须相同，镜像卷空间大小是一块磁盘的空间大小，具有备份和容错作用。

5）RAID-5 卷：RAID-5 卷结合了带区卷和镜像卷的特点，通过将数据分成多个部分并存储在不同的磁盘上，提供了数据冗余和容错功能。

五、磁盘配额

磁盘配额是一种用于限制用户在计算机系统中存储数据的技术，它允许系统管理员为每个用户或用户组设置最大可使用的存储空间。这样可以防止个别用户占用过多的存储空间，从而保证其他用户也能够正常使用系统。

1. 磁盘配额的工作原理

1）系统管理员为每个用户或用户组设置一个配额限制，以指定最大可使用的存储空间大小。

2）当用户在文件系统中创建文件或目录时，系统会检查用户已使用的存储空间。如果用户已经达到或超过配额限制，系统会阻止用户继续写入数据。

3）当用户删除文件或目录时，系统会相应地减少用户已使用的存储空间。

4）系统管理员可以监控用户的存储使用情况，并随时调整配额限制。管理员还可以设置警告阈值，当用户接近配额限制时，系统会向用户发送警告消息。

2. 磁盘配额的优点

1）管理资源：磁盘配额可以帮助管理员更好地管理共享存储资源，确保每个用户都有足够的存储空间。

2）提高性能：限制用户的存储空间可以提高文件系统的性能，防止存储空间被滥用或过度碎片化。

3）数据保护：配额限制可以防止用户不小心或恶意地占用过多的存储空间，保护重要数据免受意外删除或覆盖。

项目实施

KIARUI 科技有限公司的网络管理员在进行磁盘的配置与管理时，根据实际情况对工作做了如下规划：

1）基本磁盘分区。使用 Windows Server 2019 中的磁盘管理器进行磁盘分区，创建主分区和扩展分区，并创建逻辑分区。

2）磁盘格式化。使用磁盘管理器进行磁盘格式化，选择适合的文件系统格式（如 NTFS、FAT32 等），并执行快速和完全格式化。

3）动态磁盘管理。将基本磁盘转换为动态磁盘，创建和管理动态卷，并对动态卷进行备份和还原。

4）RAID 配置与管理。使用磁盘管理器进行 RAID 配置，创建和管理不同级别的 RAID。

任务 1　在虚拟机服务器上添加磁盘

为了真实地模拟实际工作环境中的磁盘配置与管理情况，首先需要在虚拟机服务器上添加虚拟磁盘。通过添加虚拟磁盘，可以完全模拟真实服务器中的磁盘配置和管理过程，从而能够更加贴近实际应用场景。

STEP01 如图 3-1 所示，在虚拟机服务器的主界面中单击"编辑虚拟机设置"，打开"虚拟机设置"对话框。

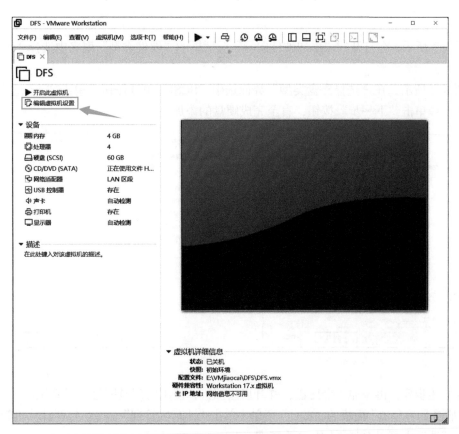

图 3-1　编辑虚拟机设置

STEP02 如图 3-2 所示，在"虚拟机设置"对话框的"硬件"选项卡中单击"添加"按钮。

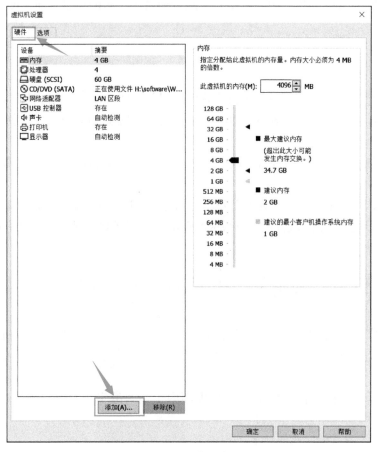

图 3-2　添加硬件

STEP03 如图 3-3 所示，在打开的"添加硬件向导"对话框的"硬件类型"列表中选择"硬盘"，单击"下一步"按钮。

STEP04 如图 3-4 所示，在"选择磁盘类型"界面选中"SCSI"单选按钮，单击"下一步"按钮，在后续的界面中按默认选择单击"下一步"按钮，直至完成硬盘的添加。

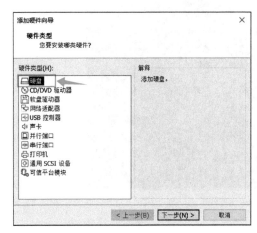

图 3-3　添加硬盘

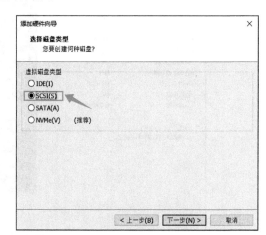

图 3-4　设置磁盘类型

STEP05 重复上述步骤，再添加 3 个磁盘，并开启虚拟机，使用管理员账号登录系统。

STEP06 在"服务器管理器"面板的"工具"菜单中单击"计算机管理"命令，打开计算机管理器，如图 3-5 所示，在磁盘管理选项中可以看到添加的 4 个磁盘。

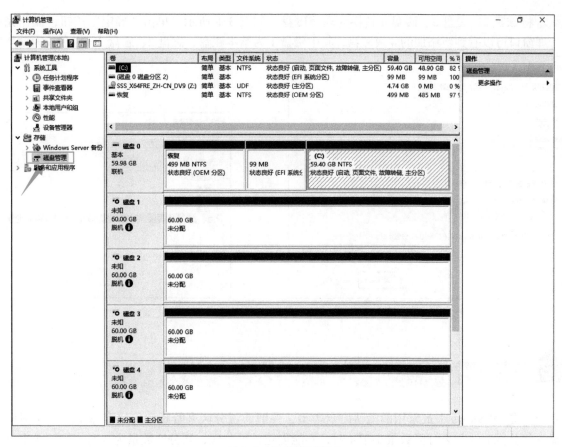

图 3-5　磁盘管理窗口

STEP07 新添加的磁盘如果处于脱机状态，则在脱机状态的磁盘上单击鼠标右键，在弹出的快捷菜单中选择"联机"命令，如图 3-6 所示。

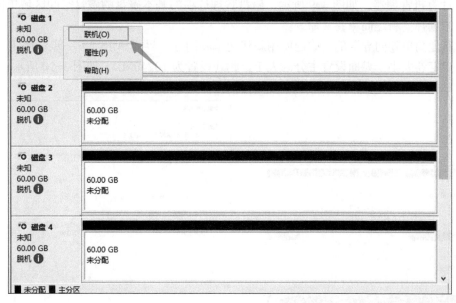

图 3-6　磁盘联机

STEP08 将所有新磁盘联机后，在其中的一个磁盘上单击鼠标右键，在弹出的快捷菜单中选择"初始化磁盘"命令。

STEP09 如图 3-7 所示，在"初始化磁盘"对话框的"选择磁盘"列表中勾选没有初始化的磁盘，并选中"MBR（主启动记录）"单选按钮，单击"确定"按钮。

STEP10 将磁盘 2、磁盘 3、磁盘 4 转换为动态磁盘，如图 3-8 所示，单击"确定"按钮，操作完成后，在磁盘管理窗口可以看到新添加的 4 块磁盘，其中磁盘 1 为基本磁盘，磁盘 2、磁盘 3、磁盘 4 为动态磁盘。

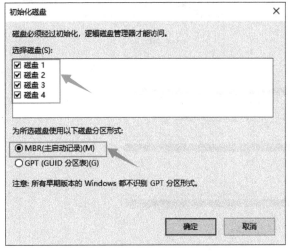

图 3-7　初始化磁盘

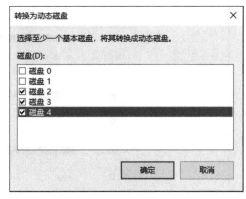

图 3-8　将基本磁盘转换为动态磁盘

任务 2　基本磁盘管理

基本磁盘是 Windows 中最常用的默认磁盘类型，一般通过分区来管理和应用磁盘空间。在图形界面对基本磁盘进行分区时，如果分区数量小于 4 时，不能创建扩展分区，当分区数量为 4 时，则第 4 个分区自动转换为扩展分区。当分区数量小于 4 且需要创建扩展分区时，需在 diskpart 控制台进行配置。

一、在图形界面创建主分区

STEP01 打开计算机管理器，如图 3-9 所示，磁盘管理选项的基本磁盘的磁盘空间区域单击鼠标右键，在弹出的快捷菜单中选择"新建简单卷"命令。

STEP02 在"新建简单卷向导"的"欢迎使用新建简单卷向导"界面单击"下一步"按钮。

STEP03 在"指定卷大小"界面设置主分区大小，此处设置为 10240MB，如图 3-10 所示，单击"下一步"按钮。

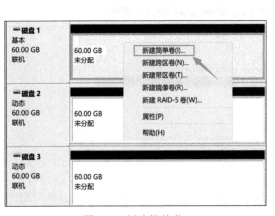

图 3-9　新建简单卷

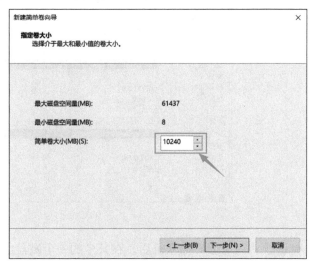

图 3-10　设置主分区大小

STEP04 在"分配驱动器号和路径"界面中分配一个驱动器符号，如图 3-11 所示，分配驱动器号为 D。如果不分配驱动器号，则在资源管理器中无法访问到该分区。分配好驱动器号后单击"下一步"按钮。

STEP05 在"格式化分区"设置"执行快速格式化",并设置文件系统格式、单元大小和卷标,如图 3-12 所示。如果不进行格式化,则该驱动器不能被识别和使用,可以在需要使用时再进行格式化。

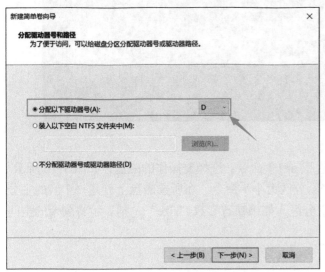

图 3-11 分配驱动器号

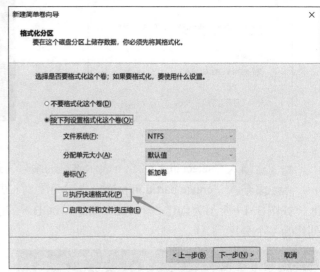

图 3-12 格式化分区

STEP06 在"正在完成新建简单卷向导"界面单击"完成"按钮,完成基本磁盘主分区的创建,结果如图 3-13 所示。

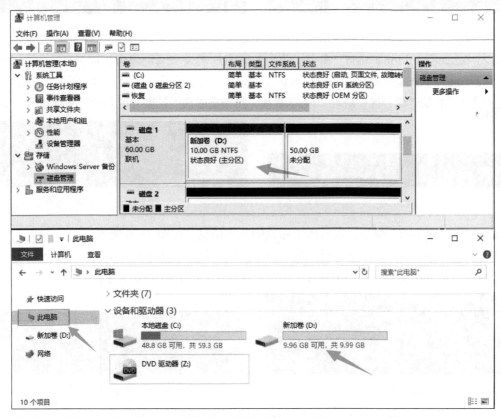

图 3-13 完成创建主分区

二、使用 diskpart 控制台创建分区

STEP01 在"开始"按钮上单击鼠标右键,在弹出的快捷菜单中选择"运行"命令,如图 3-14 所示,在"运行"对话框的"打开"文本框中输入命令"diskpart",单击"确定"按钮,打开 diskpart 控制台。

STEP02 输入"list disk"命令可以查看所有的物理磁盘及其信息，如图 3-15 所示。

图 3-14 运行 diskpart 命令

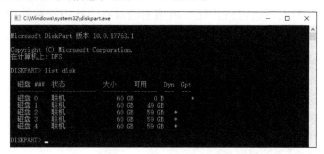

图 3-15 显示磁盘列表

STEP03 输入"select disk n"（n 表示磁盘的编号，这里 n=1）命令，选择要操作的磁盘，如图 3-16 所示。

STEP04 输入"create partition primary size=n"（n 表示分区大小）命令，在所选磁盘上创建一个新的主分区，如图 3-17 所示为创建一个 10240MB（10GB）的主分区。如果缺省参数"size"，则表示将剩余的空间创建为一个分区。

图 3-16 选择磁盘

图 3-17 创建 10GB 的主分区

STEP05 输入"create partition extend"命令，将所选磁盘的剩余空间创建为扩展分区，如图 3-18 所示。

STEP06 输入"create partition logical size=n"（n 表示分区大小）命令，如图 3-19 所示，为在所选磁盘的扩展分区上创建一个 10GB 的逻辑分区，缺省"size"参数，将所选磁盘的扩展分区剩余空间创建为一个逻辑分区。

图 3-18 创建扩展分区

图 3-19 创建逻辑分区

STEP07 输入"list partition"命令，显示所选磁盘的分区信息，如图 3-20 所示。

STEP08 输入"select partition n"（n 为分区号）命令，选择分区，再输入"assign letter=n"（n 为驱动器号）命令，为所选的分区指定驱动器号，如图 3-21 所示，为分区 2 指定驱动器号为 E。

图 3-20 显示磁盘分区列表

图 3-21 选择分区并为分区指定驱动器号

STEP09 输入"format fs=ntfs quick"命令，将选择的分区以 NTFS 文件系统快速格式化。其中，quick 参数表示快速格式化，如图 3-22 所示。

图 3-22 快速格式化分区

STEP10 重复步骤 8 和步骤 9，也可以在计算机管理器的磁盘管理选项中对没有驱动器号和格式化的分区进行格式化且指定驱动器号，最终结果如图 3-23 所示。

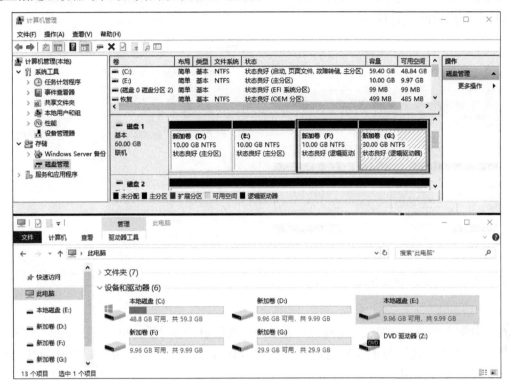

图 3-23 基本磁盘分区

任务 3 动态磁盘管理

将一个基本磁盘转换成动态磁盘后，在基本磁盘上的分区将变成卷，但基本磁盘上的数据不会丢失。也可以将动态磁盘转换成基本磁盘，但是在动态磁盘上的数据将会丢失。与基本磁盘相比，动态磁盘具有更大的存储空间和更高的性能，还可以根据需要创建和调整存储空间，以满足不同数据的需求。

一、创建简单卷

简单卷是动态磁盘中的最基本单位，与基本磁盘中的主磁盘分区相当。简单卷可以被格式化为 FAT32 或 NTFS 文件系统，如果要扩展简单卷，则须将其格式化为 NTFS。

简单卷的创建过程与创建基本磁盘的主磁盘分区一样，其操作步骤可以参照任务 2 在图形界面创建主分区的方法进行操作。

二、创建跨区卷

跨区卷是在两个或更多个不同物理磁盘的未指派空间上创建一个逻辑卷，可以用来将动态磁盘内多个剩余的、容量较小的未指派空间组合成为一个容量较大的卷，以有效地利用磁盘空间。组成跨区卷的每个成员的容量大小可以不同，但不能包含系统卷与启动卷。

STEP01 如图 3-24 所示，在磁盘 3 未分配的区域单击鼠标右键，在弹出的快捷菜单中选择"新建跨区卷"命令。

STEP02 在"新建跨区卷"向导的"欢迎使用新建跨区卷向导"界面单击"下一步"按钮。

STEP03 如图 3-25 所示，在"选择磁盘"界面的"可用"列表框中列出了所有可以使用的磁盘，选中将要加入跨区卷的磁盘，并单击"添加"按钮，将所有作为跨区卷的磁盘添加到"已选的"列表框中，在"选择空间量"文本框中调整所选磁盘加入跨区卷的空间量，如在磁盘3中设置10GB，在磁盘4中设置5GB，组成一个空间大小为15GB的跨区卷。

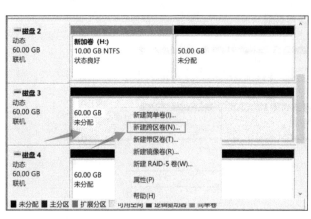

图 3-24　新建跨区卷

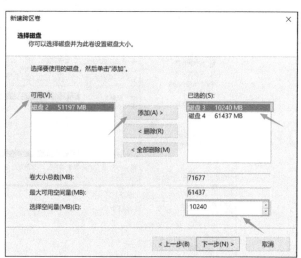

图 3-25　选择磁盘并为此卷设置磁盘大小

STEP04 在"分配驱动器号和路径"界面设置新的跨区卷的驱动器号后，单击"下一步"按钮。

STEP05 在"卷区格式化"界面设置卷标、是否执行快速格式化（本任务中设置执行快速格式化）等选项后，单击"下一步"按钮。

STEP06 在"正在完成新建跨区卷向导"界面单击"完成"按钮，完成跨区卷的创建，结果如图3-26所示。

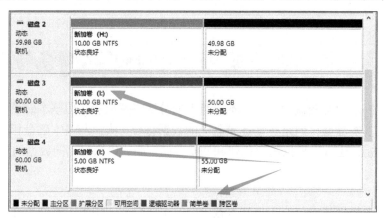

图 3-26　完成创建跨区卷

三、创建带区卷

创建带区卷的过程与创建跨区卷的过程类似，区别就是在选择磁盘时，参与带区卷的空间大小必须一样，且最大值不能超过最小容量的参与该卷的未指派空间。创建完成之后的带区卷的容量为每个磁盘上使用的空间总和。带区卷不能被扩展或镜像，并且不提供容错。如果包含带区卷的其中一个磁盘出现故障，则整个卷无法工作。当创建带区卷时，最好使用相同大小、型号和制造商的磁盘。

利用带区卷可以将数据分块并按一定的顺序在阵列中的所有磁盘上分布数据，与跨区卷类似。带区卷可以同时对所有磁盘进行写数据操作，从而可以相同的速率向所有磁盘写数据。在理论上，带区卷的读写速度是带区卷所跨越的所有n个硬盘中最慢的一个的n倍。

如图3-27所示为在3个磁盘上建立的一个带区卷，每个磁盘上使用的空间为10GB，该带区卷的总容量为30GB。

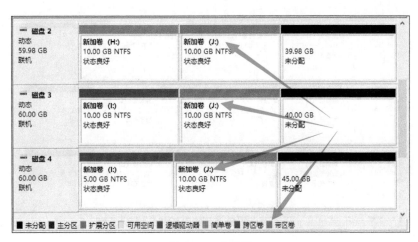

图 3-27　带区卷

四、创建镜像卷

创建镜像卷的过程与创建带区卷的过程类似，区别是只能选择两个磁盘创建镜像卷。创建后的镜像卷的容量对于用户来说只相当于在一个磁盘上分配的空间容量。镜像卷是具有容错能力的动态卷。它通过使用卷的两个副本或镜像复制存储在卷上的数据从而提供数据冗余性。写入到镜像卷上的所有数据都写入到位于独立的物理磁盘上的两个镜像中。

如果其中一个物理磁盘出现故障，则该故障磁盘上的数据将不可用，但是系统可以使用未受影响的磁盘继续操作。当镜像卷中的一个镜像出现故障时，则必须将该镜像卷中断，使得另一个镜像成为具有独立驱动器号的卷。然后可以在其他磁盘中创建新镜像卷，该卷的可用空间应与之相同或更大。当创建镜像卷时，最好使用大小、型号和制造商都相同的磁盘。

图 3-28 所示为创建的一个镜像卷，每个磁盘上使用的空间为 10GB，用户在使用该磁盘驱动器时使用的容量为 10GB。

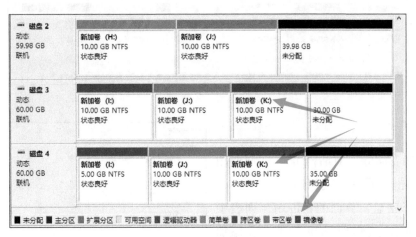

图 3-28　镜像卷

五、创建 RAID-5 卷

RAID-5 卷与镜像卷类似，区别是需要在 3 个以上的磁盘中创建 RAID-5 卷。RAID-5 卷在存储数据时，会根据数据内容计算出奇偶校验数据，并将该检验数据一起写入 RAID-5 卷中。当某个磁盘出现故障时，系统可以利用该奇偶校验数据推算出故障磁盘内的数据，具有一定的容错能力。

图 3-29 所示为使用三个磁盘创建的一个 RAID-5 卷，每个磁盘上使用的空间为 10GB，用户实际使用的容量为 20GB（用户实际使用容量为 $n*(m-1)/m$，n 为创建 RAID-5 卷所使用的每个磁盘使用的空间大小，m 为创建 RAID-5 卷使用的磁盘个数）。

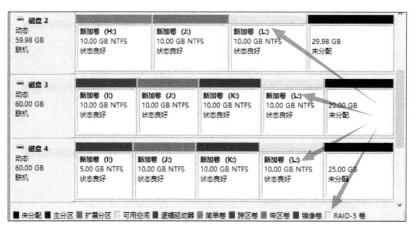

图 3-29　RAID-5 卷

六、扩展卷

当磁盘有未分配的空间时，可以使用扩展卷的方法对基本磁盘的分区和动态磁盘上的简单卷或跨区卷进行扩展操作，保证充分利用磁盘空间。

STEP01 在跨区卷 I 上单击鼠标右键，在弹出的快捷菜单中选择"扩展卷"命令，如图 3-30 所示。

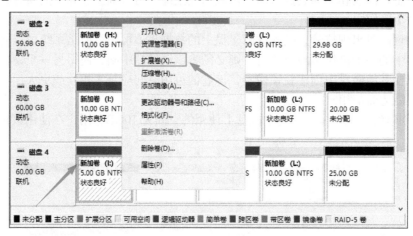

图 3-30　扩展卷

STEP02 在"扩展卷向导"对话框 的"欢迎使用扩展卷向导"界面单击"下一步"按钮。

STEP03 在"选择磁盘"界面的"可用"列表中有剩余空间，且希望添加到进行扩展卷的磁盘添加到"已选的"列表中，并设置在每个磁盘上需要添加扩展的空间容量，如图 3-31 所示，本任务为将所有剩余空间全部用于扩展。设置好之后单击"下一步"按钮。

STEP04 在"完成扩展卷"向导界面单击"完成"按钮，完成扩展卷操作，结果如图 3-32 所示。

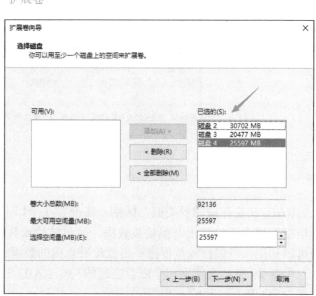

图 3-31　为扩展卷选择磁盘

图 3-32　完成创建扩展卷

任务 4　磁盘配额管理

系统管理员通过磁盘配额功能为各用户分配磁盘空间，当用户使用的空间超过了配额的允许后会收到系统的警报，并且不能再使用更多的磁盘空间。磁盘配额监视个人用户卷的使用情况，每个用户对磁盘空间的利用都不会影响同一卷上的其他用户的磁盘配额。

STEP01 在资源管理器要进行磁盘配额的驱动器上（如 D 盘）单击鼠标右键，在弹出的快捷菜单中选择"属性"命令，打开"属性"对话框，并在该对话框中选择"配额"选项卡，如图 3-33 所示，在磁盘属性对话框中设置配额选项，如设置磁盘空间限制为1GB，警告等级设为 100MB 等。

STEP02 在磁盘属性对话框中单击"配额项"按钮，打开磁盘配额项窗口，如图 3-34 所示。

STEP03 在"配额"菜单中选择"新建配额项"命令，在"选择用户"对话框中选择要限制配额的用户，如图 3-35 所示，选择好用户后单击"确定"按钮。

STEP04 在"添加新配额项"界面设置配额限制，如图 3-36 所示，单击"确定"按钮。

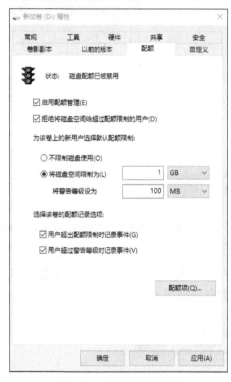

图 3-33　磁盘驱动器属性

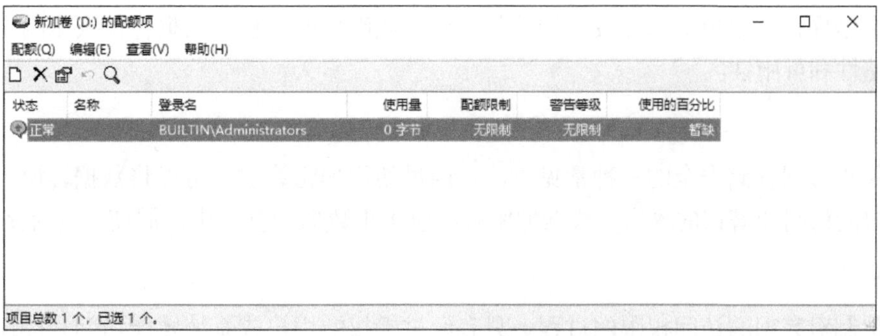

图 3-34　驱动器配额项

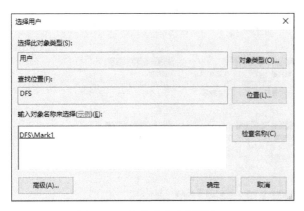
图 3-35　指定磁盘配额用户

图 3-36　设置配额限制

STEP05 创建配额项后，可以在磁盘配额项窗口查看或监控用户 Mark1 的空间使用情况，如图 3-37 所示。

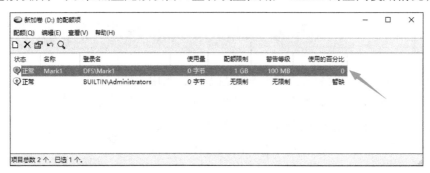
图 3-37　完成配额设置

项目小结

　　本项目主要介绍了磁盘的配置与管理，包括磁盘类型、分区概念、Windows Server 中的磁盘管理工具和基本操作、动态磁盘与基本磁盘的区别和应用等。通过实践任务的形式介绍了如何在图形界面和 diskpart 控制台创建主分区、扩展分区及创建动态磁盘卷的基本操作，最后介绍了如何使用磁盘配额功能来限制用户的磁盘空间使用。通过本项目的学习，可以更好地理解和掌握磁盘的配置和管理技术。

项目拓展

数据存储安全

　　数据存储安全是保护数据免受未经授权的访问、修改或破坏的过程。数据存储安全的主要目标是确保数据的机密性、完整性和可用性。

1. 数据加密

　　数据加密是保护数据存储安全的一种常见方法。通过使用加密算法，可以将数据转换为不可读的形式，从而防止未经授权的访问和潜在的攻击。数据加密可以应用于数据的整个生命周期，包括存储、传输和处理。

2. 访问控制

　　访问控制是限制对数据的访问权限的过程。只有经过授权的用户或系统才能访问和操作数据。访问控制可以通过身份验证、角色分配和权限管理等手段来实现。

3. 数据备份

数据备份是确保数据完整性和可用性的重要手段。通过定期备份数据，可以在数据丢失或损坏时快速恢复数据，并减少潜在的数据丢失风险。

4. 安全审计

安全审计是对数据存储系统的安全性进行评估的过程。通过审计，可以发现潜在的安全漏洞，并采取相应的措施加以修复。

5. 物理安全

物理安全是指保护存储设备免受未经授权的访问和破坏的过程。这包括保护存储设备的安全环境、访问控制和监控等措施。

6. 网络安全

网络安全是保护数据存储安全的重要方面之一。通过网络隔离、防火墙、入侵检测和入侵防御等手段，可以防止未经授权的访问和潜在的网络攻击。

7. 加密存储设备

使用加密存储设备可以保护存储在其中的数据免受未经授权的访问。加密存储设备可以采用内置或外部形式，并使用密码或密钥来保护数据的机密性。

8. 安全审计日志

记录安全审计日志是保护数据存储安全的重要措施之一。通过记录用户行为、访问请求和系统事件等详细信息，可以监控潜在的安全威胁和违规行为，并及时采取相应的措施加以处理。

练习

一、选择题

1. 一个基本磁盘最多可以创建（　　　）。
   - A. 四个主磁盘分区，或三个主磁盘分区和一个逻辑磁盘分区
   - B. 四个主磁盘分区和一个逻辑磁盘分区
   - C. 三个主磁盘分区和一个逻辑磁盘分区
   - D. 以上都不对
2. 有关扩展分区的描述错误的是（　　　）。
   - A. 只能在基本磁盘上创建扩展分区
   - B. 扩展分区可以创建在基本磁盘的两个主分区中间
   - C. 只能在基本磁盘上的未分配区创建扩展分区
   - D. 在扩展分区上只能创建一个逻辑分区
3. 具有容错能力的是（　　　）。
   - A. 简单卷　　　　　B. 跨区卷　　　　　C. RAID-5 卷　　　　　D. 带区卷
4. 以下可以扩展容量的是（　　　）
   - A. 带区卷　　　　　B. 跨区卷　　　　　C. 镜像卷　　　　　D. RAID-5 卷

5．Windows Server 2019 中，（ ）工具用于管理磁盘分区。

    A．DiskPart   B．Disk Management

    C．Event Viewer   D．Performance Monitor

6．在 Windows Server 2019 中，（ ）命令可以创建新的分区。

    A．create partition   B．create volume

    C．extend partition   D．shrink volume

二、简答题

1．什么是磁盘分区？

2．什么是动态磁盘？

3．什么是 RAID-5 卷？

4．什么是镜像卷？

5．带区卷和跨区卷有何异同？

项目 4

文件服务器的配置与管理

学习目标

知识目标

○ 了解文件服务器的基本概念和作用。

○ 掌握共享权限和 NTFS 权限的区别与联系。

○ 掌握文件服务器的角色和功能。

○ 了解分布式文件系统的基本概念。

技能目标

○ 掌握设置共享文件夹的方法。

○ 掌握通过客户机访问共享文件夹的方法。

○ 掌握分布式文件系统的配置与管理方法。

素养目标

○ 培养良好的信息安全意识和风险意识,提升自我保护能力。

○ 培养团队合作精神,提升沟通和协作能力。

○ 培养自主学习能力,提升独立学习和解决问题的能力。

项目描述

随着 KIARUI 科技有限公司的业务扩张和团队规模的不断增长,各部门和员工对于文件共享和数据存储的需求也越来越高。KIARUI 公司计划配置和管理一个高效可靠的文件服务器,该文件服务器将承担存储和共享公司各部门及员工所需的各种数据资源,以提高团队之间的协作效率和数据管理的安全性,并达到保护公司重要文件的安全性的目的。

一、Windows 文件系统

文件系统是一种组织和管理计算机存储设备上数据的软件。它定义了文件和目录的结构，以及如何访问、创建、修改和删除这些文件和目录。在 Windows 系统中，文件系统通常位于硬盘驱动器或闪存驱动器等存储设备上。它们提供了一种方式来组织和管理数据，使得用户可以轻松地查找、访问和使用它们。

1. FAT 文件系统

FAT（File Allocation Table，文件分配表）也称为 FAT16，采用 16 位二进制数记录管理磁盘文件，广泛应用于早期的个人计算机和可移动存储设备。FAT 文件系统采用简单的文件结构，以便于实现和处理。它的元数据（文件名、大小、位置）被记录在文件分配表的表格中。

FAT 文件系统使用簇（Cluster）作为最小的文件存储单元。相邻的簇可以组成连续的空间来存储文件，提高了存储效率。FAT 文件系统支持最大磁盘分区为 2GB，支持的最大文件为 2GB。

2. FAT32 文件系统

FAT32（File Allocation Table 32）是 FAT16 文件系统的进化版本，采用 32 位二进制数记录管理磁盘文件。FAT32 文件系统支持最大磁盘分区为 32GB，支持最大文件大小为 4GB，支持的最大存储设备容量为 2TB。与 FAT16 相比，FAT32 的稳定性、兼容性更好，程序的运行更快。

3. NTFS 文件系统

NTFS（New Technology File System）是 Windows NT 内核的系列操作系统支持的、一个特别为网络和磁盘配额、文件加密等管理安全特性设计的磁盘格式，提供长文件名、数据保护和恢复，能通过目录和文件许可实现安全性，并支持跨越分区。NTFS 支持最大文件系统容量为 16EB，可以为每个文件和文件夹设置访问权限，包括读取、写入、执行等，还支持磁盘配额功能，以限制用户在文件系统中的存储空间。

二、NTFS 权限

NTFS 权限是指对用户磁盘拥有的操作权限，它提供了高级的文件和文件夹权限控制功能，这些权限可以用来限制用户对系统资源的访问和操作，使文件和文件传输安全有效地进行。NTFS 权限主要有：读取、写入、执行、修改、完全控制。

1）读取：读取权限允许用户可以读取文件或文件夹的内容，可以查看文件或文件夹的属性，但不能修改文件内容。

2）读取和执行：读取和执行权限包含读取权限，并能运行应用程序和可执行文件。

3）写入：写入权限包含读取和执行的所有权限，并可以修改文件或文件夹属性和内容，在文件夹中创建文件和文件夹，但不能删除文件。

4）修改：修改权限包含写入权限，并能够删除文件。

5）完全控制：完全控制权限对文件拥有最高权限，即在拥有以上所述权限以外，还可以修改文件权限以及替换文件所有者。

6）特殊权限：NTFS 特殊权限是对文件夹或文件的权限更为详细的设置，包括完全控制、读取属性、写入属性、更改权限等 14 项权限。

三、NTFS 权限管理原则

NTFS 权限管理原则是指在对文件夹和文件进行访问控制时，需要遵循的一些基本原则。这些原则旨在确保文件和文件夹的安全性和完整性，并防止未经授权的访问和修改。通过合理地设置和管理权限，可以有效地保护重要数据和系统资源，同时提供适当的访问级别来满足用户的需求。

1. 权限继承性原则

NTFS 权限继承性原则是指在一个文件夹内创建新文件或文件夹时，可以继承父级文件夹的权限设置。这意味着如果在父级文件夹上设置了特定的权限，子文件夹和其中的文件将自动继承这些权限。这种继承性原则可以简化权限管理过程，同时确保子文件夹和文件的权限与父级文件夹保持一致，减少对每个文件和文件夹单独设置权限的工作量。NTFS 权限继承性原则见表 4-1。

表 4-1 NTFS 权限继承性原则

继承权限类型	继承原则
继承默认权限	当创建新文件或文件夹时，默认情况下会继承父级目录的权限设置
继承修改权限	如果对父级目录的权限进行了更改，包括添加、修改或删除用户或群组的权限，子文件和文件夹将自动继承这些更改
继承特定权限	除了继承默认和修改的权限外，还可以在特定文件或文件夹级别上设置独立的权限，并将其应用于子文件和子文件夹
阻止继承权限	可以选择不继承父级目录的权限，这意味着文件或文件夹将不会自动继承其权限设置

2. 权限的累加性原则

权限的累加性原则是指用户或组被授予了多个权限时，这些权限会被放在一起进行计算，并得到一个最终的权限集。

如果用户同时隶属于多个组，而且该用户与所在的组分别对某个文件夹或文件拥有不同的权限设置，则该用户对这个文件夹或文件的最后有效权限是所有权限的总和。例如，用户 Mark1 同时属于 Marketing 和 Production 两个组，该用户的最终权限见表 4-2。

表 4-2 NTFS 权限的累加

用户或组	权限
Mark1	读取
Marketing	写入
Production	读取与执行
用户 Mark1 的最终权限：读取 + 写入 + 执行	

如果一个用户对某个文件夹及该文件夹的子文件夹拥有不同的权限设置，则该用户对该子文件夹的最后有效权限是所有权限的总和。例如，用户 Mark1 对文件夹 A 有读取权限，对 A 的子文件夹 B 有写入权限，则 Mark1 对文件夹 B 有读取和写入权限。

3. 拒绝权限

拒绝权限是一种特殊的权限，它允许管理员或者拥有者明确地拒绝某个用户或组对文件夹或文件的访问和操作。拒绝权限具有最高优先级，并直接覆盖其他权限设置，即使用户被授予了其他权限，只要被拒绝了相同或更高级别的权限，这些权限将无效。例如，用户 Mark1 同时属于 Marketing 和 Production 两个组，该用户的最终权限见表 4-3。

表 4-3 拒绝权限高于其他权限

用户或组	权限
Mark1	读取
Marketing	拒绝读取
Production	修改
用户 Mark1 没有读取权限	

4. 文件权限覆盖文件夹权限

在 NTFS 文件系统中，每个文件和文件夹都可以单独设置权限。当文件夹的权限和文件的权限发生冲突时，文件的权限将优先于文件夹的权限。例如，将用户 Mark1 对文件夹的权限设置为拒绝写入，并让文件夹内的文件继承此权限,则用户对文件夹内的文件继承此权限,即 Mark1 对文件夹内的文件权限也是拒绝写入。但如果直接将用户 Mark1 对其中的文件设置为允许写入,此时用户 Mark1 对该文件具有写入的权限。

5. 资源复制或移动时权限的变化

在资源(文件夹或文件)复制或移动的过程中,需要注意权限的变化。如果将文件夹的权限和文件的权限设置为冲突状态,则文件的权限将优先于文件夹的权限。因此,在进行资源复制或移动时,需要仔细考虑权限的继承关系,以确保资源的安全性和完整性。

1)复制资源:复制资源时相当于产生了新文件。复制资源到与源文件相同的文件夹内时,产生的新文件(副本文件)与源文件有相同的权限;复制资源到其他文件夹(或其他分区)时,新文件的权限将继承目的地的权限。

2)移动资源:在移动资源时,如果目的地与源文件是在同一个磁盘分区中,则保留原来的权限;如果目的地与源文件不在同一个磁盘分区中,将继承目的地的权限。

四、共享文件夹

在计算机网络中,资源共享指的是将计算机网络中的硬件设备、软件应用、数据和其他计算机资源共享给网络中的多个用户或设备。这种共享可以提供更大的灵活性和效率,同时降低资源成本和提高资源利用率。

共享文件夹是指在局域网或互联网中共享的一个文件夹,允许多个用户或计算机系统进行访问和共享文件。在共享文件夹中,可以共享各种文件类型,包括文档、图片、音频、视频等。通过共享文件夹,可以方便地在多个设备之间共享文件,提高文件传输和协作效率。

共享文件夹一般通过文件共享协议实现,常用的协议包括 Windows 的 SMB/CIFS、Unix/Linux 的 NFS 以及 Apple 的 AFP 等。用户可以将指定的文件夹设置为共享文件夹,并设定访问权限,以控制其他用户对共享文件夹中文件的读写权限。

五、共享文件夹权限

与共享文件夹有关的两种权限是共享权限和 NTFS 权限。共享权限就是用户通过网络访问共享文件夹时使用的权限,而 NTFS 权限是指本地用户登录计算机后访问文件夹或文件时使用的权限。当本地用户访问文件夹或文件时,只会对用户应用 NTFS 权限。当用户通过网络远程访问共享文件夹时,先对其应用共享权限,然后对其应用 NTFS 权限。

共享权限分为读取、更改和完全控制三种,在设置共享文件夹权限时,可以分配对应权限给不同的用户或用户组。通过分配用户或用户组到特定的权限级别,可以实现对共享文件夹的精细控制和管理。

1)读取权限:允许用户或用户组查看共享文件夹中的文件和文件夹内容,但不能做任何修改或删除操作。

2)更改权限:更改权限包括读取权限,还允许用户或用户组向共享文件夹中创建子文件夹、写入新文件、修改现有文件内容或删除文件夹及文件。

3)完全控制权限:完全控制权限包括读取权限和更改权限。通过分配完全控制权限,用户可以更改文件和子文件夹的权限,以及获得文件和子文件夹的所有权。

六、文件服务器

文件服务器是指用于存储、管理和共享文件的计算机系统或服务。它通常用于组织、企业或机构内部,在局域网或广域网中提供文件访问和共享功能。

文件服务器的主要功能是提供文件存储和访问服务。它允许用户通过网络连接到服务器,并在服务器上存储、管理和访问文件。用户可以上传、下载、修改、删除和共享文件,以实现团队协作或个人文件管理。

文件服务器通常具有以下特点和功能:

1)存储和管理功能:文件服务器提供存储和管理文件的功能,可以容纳大量文件,并按照一定的目录结构进行组织和管理。

2）访问控制：文件服务器可以设置访问权限，以控制不同用户或用户组对文件的访问权限。这可以确保文件的安全性和机密性。

3）文件共享：文件服务器支持文件共享，允许多个用户同时访问和编辑同一文件或文件夹。这方便团队协作和文件共享。

4）远程访问：文件服务器可以通过网络远程访问，允许用户在任何地点通过互联网连接到服务器，并访问文件。这使得用户可以随时随地获取所需文件。

5）备份和恢复：文件服务器通常支持文件的备份和恢复功能，以保护文件免遭意外丢失或损坏。备份功能可以防止数据丢失，恢复功能可在需要时恢复文件。

七、分布式文件系统

分布式文件系统（Distributed File System，DFS）是一种通过将文件数据分布存储在多个计算机节点上，以提供高性能、高可用性和可扩展性的文件存储解决方案。它将文件划分为小块并分散存储在集群的多个节点上，从而允许对文件进行并行访问和处理。

分布式文件系统具有以下特点与优势：

1）数据冗余和容错性：分布式文件系统通常使用数据冗余来提供高可靠性，即使某个节点发生故障，数据仍然可以可靠地从其他节点进行恢复。

2）横向扩展性：分布式文件系统可以根据需求增加节点，实现横向扩展，从而增加存储容量和性能。新节点的加入不会影响现有节点的操作。

3）高性能和负载均衡：文件数据在多个节点上分布存储，可以并行地处理文件的读写操作，提高了文件系统的性能。负载均衡机制确保文件数据均匀地分布在各个节点上。

4）分布式访问控制和权限管理：分布式文件系统提供灵活的访问控制和权限管理机制，可以根据需要为不同用户或用户组分配适当的访问权限。

5）数据一致性和元数据管理：分布式文件系统通过采用一致性协议和文件元数据管理，确保不同节点上文件的一致性和准确性。

6）高扩展性和弹性：通过添加更多的节点，分布式文件系统可以轻松地应对存储需求的增长，提供弹性的存储解决方案。

7）多地域复制和数据迁移：分布式文件系统支持数据的多地域复制和迁移，实现数据的高可用性和地理位置灵活性。

八、DFS 命名空间

DFS 命名空间是分布式文件系统中的一个重要概念，它是对分布式文件系统中的文件和目录进行逻辑上的组织和访问的方式。DFS 命名空间隐藏了分布式文件系统的细节，使用户可以通过一个统一的路径访问和管理文件。DFS 命名空间的结构如图 4-1 所示。

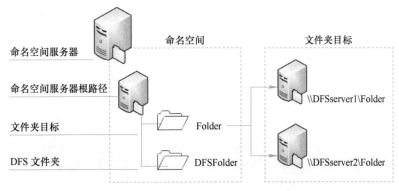

图 4-1　DFS 命名空间结构

DFS 命名空间简化了对分布式文件系统的管理和访问，使用户能够对文件和目录进行统一管理，无论其实际存储在哪个文件服务器上。这种方式提高了文件系统的可用性、可扩展性和透明性，对于构建大规模分布式存储系统非常有价值。

DFS 空间分为独立命名空间和基于域的命名空间。

独立命名空间是指在一台独立的计算机上以一个共享文件夹为基础，将分布于网络中其他共享资源组织到一起，构成一个 DFS 命名空间。独立命名空间通常部署在未使用域服务的组织环境中。

基于域的命名空间将命名空间数据存储在活动目录的域成员上，是基于域名和根目录名称的命名空间，能够提高命名空间服务器的容错能力，还可以利用 DFS 复制机制在多个目标文件夹中复制数据。

项目实施

KIARUI 科技有限公司的网络管理员现在准备为公司配置共享文件夹、文件服务器、分布式文件系统，方便员工访问服务器资源。为了确保任务顺利完成，网络管理员制订了详细的规划，包括以下几个方面。

1）确定公司所需的共享资源和文件存储需求，包括确定需要共享的文件夹、文件和应用程序，以及需要存储的数据量和访问频率等。

2）设置共享文件夹和权限管理，为员工分配适当的读/写权限，并确保所有设备都能够访问这些共享文件夹。

3）定期备份和恢复数据，制订备份策略并测试备份过程，以确保在意外情况下可以快速恢复数据。

4）服务器规划见表 4-4。

表 4-4　服务器规划表

计算机	用途	IP 地址	网关	DNS1	DNS2
Router	网关	192.168.10.1/24	N/A		
DFS	共享文件夹	192.168.10.5/24	192.168.10.1	192.168.10.11	192.168.10.2
	DFS 命名空间				
DFSServer1	文件服务器 1	192.168.10.6/24			
DFSServer2	文件服务器 2	192.168.10.7/24			
PC	客户机	192.168.10.101			

5）网络拓扑图如图 4-2 所示。

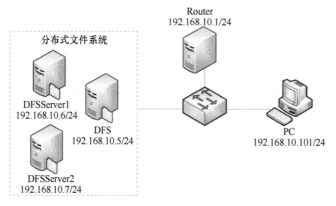

图 4-2　分布式文件系统网络拓扑图

任务 1　文件与文件夹访问权限管理

在文件服务器的配置与管理过程中，访问权限管理至关重要。通过正确配置和管理访问权限，可以确保只有授权人员可以查看、编辑、共享或删除文件和文件夹。这不仅有助于保护企业的机密信息和敏感数据，还可以有效地组织和控制文件的访问与使用。

一、查看文件或文件夹访问权限

STEP01 在资源管理器的驱动器 D 中新建一个文件夹"test",并在该文件夹中新建一个文本文件"test.txt"。

STEP02 返回磁盘驱动器 D,在文件夹"test"上单击鼠标右键,在弹出的快捷菜单中选择"属性"命令,打开"test 属性"对话框。在"test 属性"对话框中单击"安全"标签,如图 4-3 所示,可以看到在"组或用户名"列表框中列出了对选定文件夹"test"具有访问许可权限的组和用户。

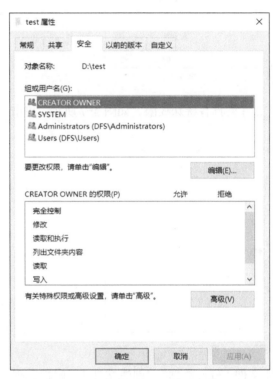

图 4-3 文件夹 test 属性对话框

STEP03 在"组或用户名"列表框中选定某个组或用户后,该组或用户所具有的各种访问权限将显示在权限列表框中。如图 4-4 所示,Administrators组对"test"文件夹及该文件夹内的文件具有"完全控制"权限。

STEP04 按上述方法可查看"test.txt"的访问权限。如图 4-5 所示,Users 组对"test.txt"文件具有"读取和执行""读取"权限。

STEP05 在文件夹属性对话框"安全"选项中单击"高级"按钮,打开文件夹高级安全设置对话框,如图 4-6 所示,在"权限"选项中的"权限条目"

列表框中选择用户或组,如查看 Users 组的特殊权限,先选中 Users 主体(特殊),再单击"查看"按钮。

图 4-4 文件夹权限

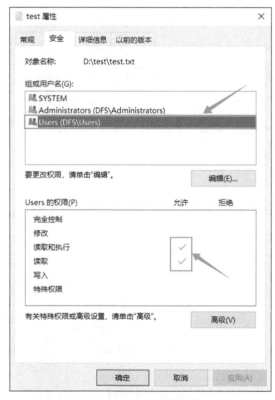

图 4-5 文件权限

图 4-6　文件夹高级安全设置

STEP06 在"权限项目"对话框中可以看到 Users 组对 test 文件夹具有特殊权限，如图 4-7 所示。单击"显示高级权限"，可以查看具体的特殊权限。

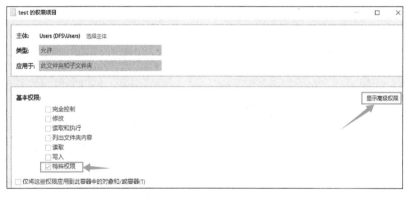

图 4-7　查看文件夹权限项目

STEP07 如图 4-8 所示，Users 组对 test 文件夹具有"创建文件 / 写入数据""创建文件夹 / 附加数据"的权限。

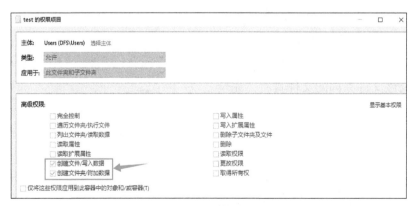

图 4-8　查看文件夹特殊权限

STEP08 按上述步骤可以查看 Users 对文件"test.txt"具有的权限包括"遍历文件夹 / 执行文件""列出文件夹 / 读取数据""读取属性""读取扩展属性""读取权限"，如图 4-9 所示。

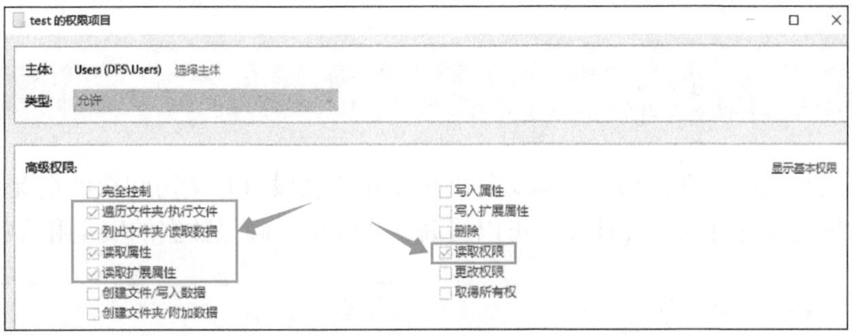

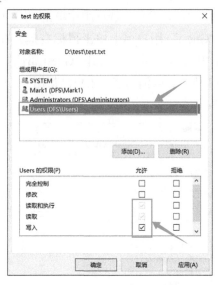

图 4-9　显示高级权限

👤 小提示

在"组或用户名"列表框中没有列出来的用户也可能对该文件夹或文件具有访问权。如新建的用户一般都默认添加到了 Users 组，因此这些用户都对该文件夹或文件具有 Users 组的权限。在分配文件夹或文件的访问权时，最好不要单独分配给各个用户，而是先把各个用户分配到组，把访问权限分配给组，这样需要更改访问许可权时，只需要更改整个组的访问权就可以，而不必修改每个用户的访问权限，从而降低管理难度，提高工作效率。

二、修改文件夹或文件的访问权限

为了控制用户对文件夹和文件的访问和操作，保护重要信息和数据的安全，网络管理员经常要更改文件夹或文件的访问权限。在创建用户账户后，系统默认将新建的用户归属于 Users 组，因此新建的用户也会继承 Users 组的权限。下面以 Users 组和用户 Mark1 为例介绍修改文件夹或文件的访问权限。

STEP01 注销系统并以 Mark1 用户登录系统，测试用户对"test"文件夹及"test.txt"文件的权限。经过测试发现，Mark1 可以在 test 文件夹中新建子文件夹和文件，可以打开 test.txt 文件读取文件内容，但不能更改 test.txt 文件内容。

STEP02 注销系统，重新以 Administrator 用户登录系统，修改 test.txt 文件权限，将 Users 组的权限设置为"读取和执行、读取、写入、特殊权限"，单击"确定"按钮，完成权限修改，如图 4-10 所示。

STEP03 重新以 Mark1 用户登录系统，现在 Mark1 用户可以修改 test.txt 文件内容。

STEP04 注销系统重新以 Administrator 用户登录系统，修改 test 文件夹权限。如图 4-11 所示，重新设置 Users 组的权限为拒绝"读取和执行、读取、写入、特殊权限"，单击"确定"按钮，完成权限修改。

STEP05 重新以 Mark1 用户登录系统，可以发现 Mark1 用户无权访问 test 文件夹，如图 4-12 所示。

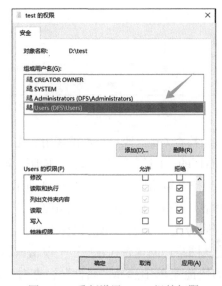

图 4-10　设置文件夹权限

图 4-11　重新设置 Users 组的权限

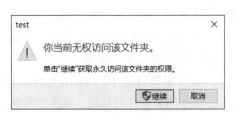

图 4-12　无权访问文件夹

任务2 共享资源管理

资源共享是网络最重要的特性，通过共享文件夹可使用户在没有直接访问权的情况下访问特定的文件夹和文件。通过合理地配置和管理共享文件夹，可以提高工作效率，确保数据的安全和保密。

一、配置与管理共享文件夹

STEP01 启用 Guest 账户。打开"计算机管理"窗口，在"本地用户和组"选项组中单击"用户"节点，在右面"Guest"用户名上单击鼠标右键，在弹出的快捷菜单中选择"属性"，打开"Guest 属性"对话框，如图 4-13 所示，取消勾选"账户已禁用"，单击"确定"按钮。

图 4-13　启用 Guest 账户

STEP02 检查 Guest 账户是否被禁用。在"服务器管理器"面板的"工具"菜单中选择"本地安全策略"，打开"本地安全策略"窗口，如图 4-14 所示，在"本地安全策略"窗口左侧打开"本地策略"节点，并在"用户权限分配"节点上单击鼠标左键，在右侧窗口"拒绝从网络访问这台计算机"上单击鼠标右键，在弹出的快捷菜单中选择"属性"，查看"拒绝从网络访问这台计算机属性"对话框中是否有 Guest 账户，如果有该账户，则将该账户删除。

STEP03 在 D 盘中新建一个文件夹"share"，然后将要共享的资源放入该文件夹中。

STEP04 在资源管理器中的 share 文件夹上单击鼠标右键，打开文件夹属性对话框，单击"共享"选项，打开共享界面，如图 4-15 所示。

图 4-14　本地安全策略

图 4-15　文件夹属性

STEP05 在共享界面单击"网络文件和文件夹共享"下的"共享"按钮，打开"网络访问"对话框，在"选择要与其共享的用户"文本框中选择"Everyone"，单击"添加"按钮，如图 4-16 所示。

STEP06 如图 4-17 所示，在名称列表中单击"Everyone"，在弹出的权限列表中选择需要设置的权限，此处选择"读取/写入"权限。单击"共享"按钮，并在随后的"你的文件夹已共享"界面单击"完成"按钮，完成共享设置。

图 4-16　选择共享用户

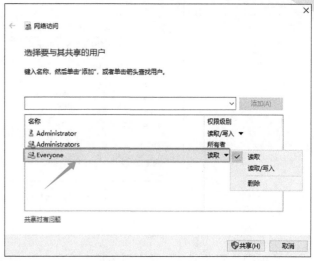

图 4-17　设置共享权限

二、测试共享文件夹

STEP01 登录客户机，在"开始"菜单上单击鼠标右键，选择"运行"命令，在弹出的"运行"窗口的"打开"文本框内输入服务器的 IP 地址（也可以打开资源管理器，在资源管理器窗口的地址栏内输入服务器的 IP 地址），如图 4-18 所示，单击"确定"按钮，测试共享文件夹配置是否成功。

图 4-18　访问共享文件夹

STEP02 连接服务器成功，在客户机资源管理器窗口中可以看到共享文件夹。打开该文件夹即可看到共享资源，如图 4-19 所示。

图 4-19　查看共享资源

STEP03 在访问共享文件夹时，也可以将服务器的 IP 地址用服务器的名称代替，格式为"\\服务器名\共享文件夹名"，如图 4-20 所示。

图 4-20　使用服务器名称访问共享文件夹

三、映射网络驱动器

映射网络驱动器是将网络中的某个共享文件夹映射成本地驱动器号，在访问共享资源时不再需要输入服务器 IP 地址，从而提高访问效率和协作能力。下面以 Windows 10 为例，介绍建立映射网络驱动器的方法。

STEP01 打开资源管理器，在"资源管理器"窗口中选择"计算机"选项下的"映射网络驱动器"命令，如图 4-21 所示。

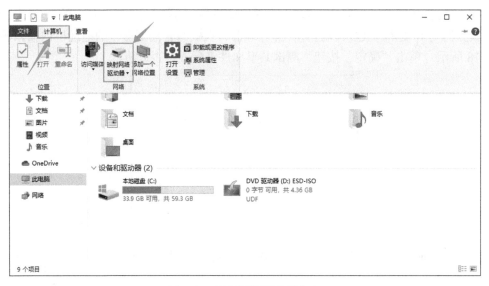

图 4-21　映射网络驱动器命令

STEP02 在"映射网络驱动器"对话框中"驱动器"位置设置驱动器符号，在"文件夹"文本框中输入共享服务器的地址（或服务器名称）和共享目录，如图 4-22 所示，单击"完成"按钮，完成映射网络驱动器配置。

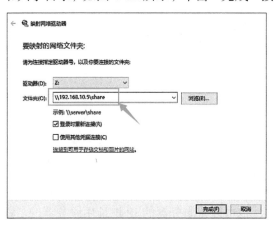

图 4-22　映射网络驱动器配置

STEP03 返回到资源管理器后，可以看到在资源管理器中多了一个类似于本地磁盘的网络位置，如图 4-23 所示，以后可以像访问本地磁盘一样直接打开该位置进入到共享目录。

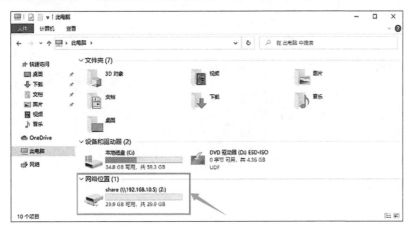

图 4-23　成功映射网络驱动器

STEP04 在映射网络驱动器上单击鼠标右键，如图 4-24 所示，选择"断开连接"，可以将设置好的映射网络驱动器删除。

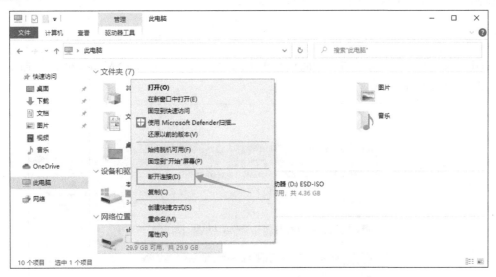

图 4-24　删除映射网络驱动器

任务 3　分布式文件系统管理

DFS 在逻辑组成上包括 DFS 命名空间服务器和 DFS 成员服务器两种服务器角色，DFS 命名空间服务器需要安装文件服务器、DFS 命名空间和 DFS 复制角色服务，DFS 成员服务器只需安装文件服务器和 DFS 复制角色服务。本任务以基于域的命名空间形式配置与管理分布式文件系统。

一、安装 DFS 命名空间和 DFS 复制角色服务

STEP01 参照项目 10 的任务 4 将 DFS、DFSserver1、DFSserver2 三台计算机加入到域 kiarui.cn，则三台服务器的计算机全名（域名）分别为 dfs.kiarui.cn、dfsserver1.kiarui.cn、dfsserver2.kiarui.cn。

STEP02 如图 4-25 所示，使用"添加角色和功能向导"在 DFS 服务器上添加"DFS 命名空间"和"DFS 复制"角色服务，在 DFSserver1 和 DFSserver2 服务器上只需添加"DFS 复制"角色服务。

图 4-25　添加"DFS 复制"和"DFS 命名空间"服务

STEP03 根据向导提示选择默认设置，完成服务的安装。

二、创建基于域的命名空间

STEP01 在 DFS 服务器"服务器管理器"面板菜单上选择"工具"→"DFSManagement"命令，打开"DFS 管理"窗口，如图 4-26 所示。

图 4-26　DFS 管理窗口

STEP02 在"DFS 管理"窗口左侧"命名空间"上单击鼠标右键，并选择"新建命名空间"命令，打开"新建命名空间向导"的"命名空间服务器"界面，并指定命名空间服务器的名称，如图 4-27 所示，单击"下一步"按钮。

STEP03 在"命名空间名称和设置"界面设置命名空间的名称，这里把命名空间的名称设置为"DFStest"，如图 4-28 所示。

STEP04 单击"下一步"按钮，在"命名空间类型"界面中选择命名空间类型。如果服务器没有加入域，只能选择"独立命名空间"。这里基于 DFS 服务器已经加入 kiarui.cn 域，选择"基于域的命名空间"，如图 4-29 所示，然后单击"下一步"按钮。

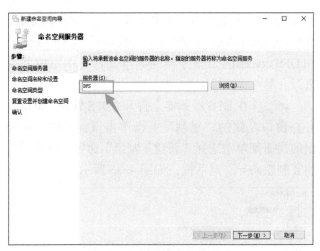

图 4-27　新建命名空间向导

图 4-28　设置命名空间名称

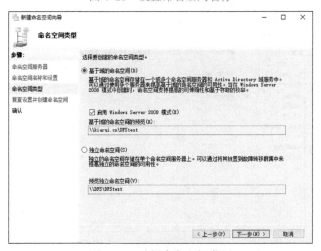

图 4-29　选择命名空间类型

STEP05 在"复查设置并创建命名空间"界面中显示了已为命名空间进行的设置。如果设置没有问题，单击"创建"按钮，开始创建命名空间。命名空间创建成功后弹出"确认"界面，单击"关闭"按钮结束创建过程并返回"DFS 管理"窗口，如图 4-30所示，可以看到新创建的命名空间会显示在"DFS管理"窗口中。

图 4-30　成功新建命名空间

三、创建 DFS 文件夹和文件夹目标

创建了命名空间后，接下来为这个命名空间创建 DFS 文件夹，并把 DFS 文件夹关联到指定的共享文件夹，这样就可以通过 DFS 文件夹访问网络中指定的共享文件夹。

STEP01 在 DFS 服务器中打开"DFS 管理"窗口，在左侧命名空间"\\kiarui.cn\DFStest"上单击鼠标右键，在弹出的快捷菜单上选择"新建文件夹"。

STEP02 在"新建文件夹"对话框的"名称"框中输入文件夹名称"DFSFolder"，然后单击"添加"按钮，在打开的"添加文件夹目标"对话框中指定具体的文件夹目标的路径，文件夹目标路径可以手动输入，如图 4-31 所示。也可以单击"浏览"按钮，从打开的"浏览共享文件夹"对话框中搜索网络上的共享文件夹，如图 4-32 所示。

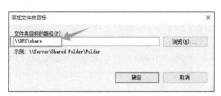

图 4-31　添加 DFS 文件夹

图 4-32　浏览共享文件夹

061

STEP03 单击"确定"按钮后创建 DFS 文件夹，创建成功后在"DFS 管理"窗口会显示创建的文件夹目标，如图 4-33 所示。

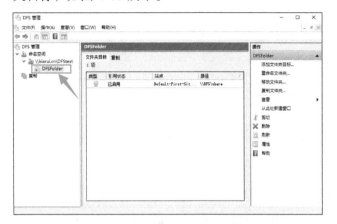

图 4-33　成功创建 DFS 文件夹

STEP04 创建 DFS 命名空间后，可以在客户机使用访问普通共享文件夹的方法访问 DFS 命名空间。在本任务中是基于域的命名空间，在访问 DFS 文件夹时也可以使用域名进行访问。基于域的命名空间的路径格式是"\\ 域名 \ 命名空间"。在客户机访问上述步骤创建的命名空间可以看到对应的文件夹，如图 4-34 所示。打开该文件夹就可以看到共享资源。

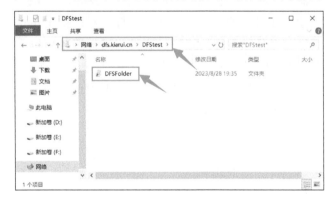

图 4-34　访问命名空间

四、创建 DFS 复制组

DFS 复制允许在多个服务器之间复制和同步文件，为服务器之间提供文件资源的冗余存储，以确保文件的可靠性和可访问性。它还可以提供负载均衡，使文件访问在多个服务器之间进行分布，从而提高性能。DFS 复制是 Windows Server 2019 中的一个重要功能，适用于企业和各种组织中需要共享和复制文件的场景。

STEP01 参照任务 2，分别在服务器 DFSserver1 和服务器 DFSserver2 的 D 盘新建并配置共享文件夹

"Folder"。至此共有三个共享文件夹：\\DFS\share、\\DFSserver1\Folder、\\DFSserver2\Folder。在 DFSserver1 和 DFSserver2 两个服务器的共享文件夹中不放共享资源。

STEP02 在 DFS 服务器上打开"DFS 管理"窗口，并在窗口左侧的"复制"上面单击鼠标右键，在弹出的快捷菜单中选择"新建复制组"命令，打开"新建复制组向导"对话框，如图 4-35 所示。

图 4-35　新建复制组向导

STEP03 在"复制组类型"界面选择"多用途复制组"单选按钮，单击"下一步"按钮，在"名称和域"界面设置复制组的名称为 DFSFolder、复制组的可选描述内容、域为 kiarui.cn，如图 4-36 所示。

图 4-36　设置复制组名称

STEP04 单击"下一步"按钮，在"复制组成员"界面单击"添加"按钮，在"选择计算机"对话框中的"输入对象名称来选择"文本框中输入服务器的名称"DFS"，单击确定按钮，将"DFS"服务器添加到"复制组成员"的成员列表中，再依次将"DFSserver1"和"DFSserver2"两个服务器添加到成员列表中，如图 4-37 所示。

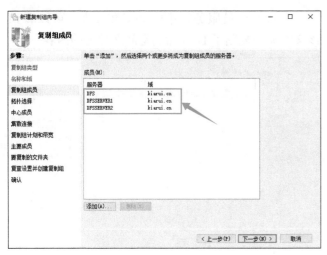

图 4-37 复制组成员

STEP05 单击"下一步"按钮,在"拓扑选择"界面选择"交错"单选按钮,如图 4-38 所示。

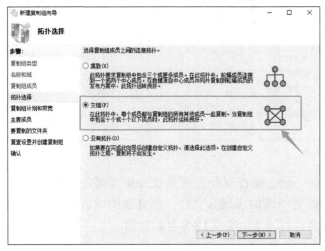

图 4-38 拓扑选择

STEP06 单击"下一步"按钮,在"复制组计划和带宽"界面选择"使用指定带宽连续复制"单选按钮,并根据实际情况设定带宽,如图 4-39 所示。

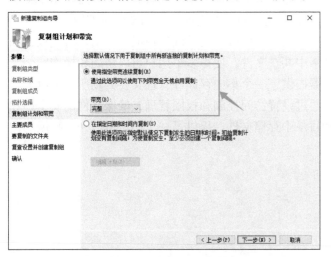

图 4-39 使用指定带宽连续复制

STEP07 单击"下一步"按钮,在"主要成员"界面设置主要成员。这里设置主要成员为 DFS,如图 4-40 所示。

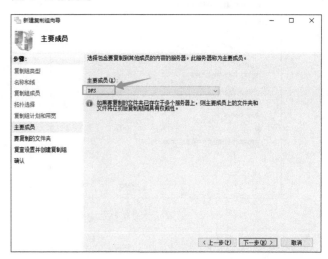

图 4-40 设置复制组主要成员

STEP08 单击"下一步"按钮,在"要复制的文件夹"界面中单击"添加",在打开的"添加要复制的文件夹"对话框中设置要复制的文件夹的本地路径,如图 4-41 所示。

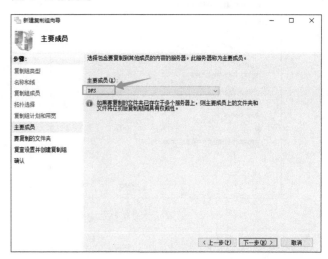

图 4-41 设置复制文件夹本地路径

STEP09 单击"确定"按钮后返回"要复制的文件夹"界面,单击"下一步"按钮,在"其他成员上 share 的本地路径"界面的"成员详细信息"列表中选择一个成员,单击"编辑"按钮,在"编辑"对话框中将"成员身份状态"设置为"已启用",并设置"文件夹的本地路径"为该成员服务器共享文件夹的路径,如图 4-42 所示。单击"确定"按钮后再选择另一个成员做相同的设置。

图 4-42　设置成员身份状态

小提示

　　如果其他成员服务器上设置为"文件夹的本地路径"的共享文件夹中有资源，在创建复制组后会被清空。

STEP10 返回"其他成员上 share 的本地路径"界面后单击"下一步"按钮，在"复查设置并创建复制组"界面确认复制组信息，确认后单击"创建"按钮，开始根据上述设置创建复制组。复制组创建成功后，在"确认"界面单击"关闭"按钮，完成复制组创建。如图 4-43 所示，可以在"DFS 管理"界面中看到新创建的复制组。

STEP11 在客户机访问 DFS 命名空间并打开 DFS 命名空间中的文件夹，可以访问共享资源，如图 4-44

所示。打开成员服务器中的共享文件夹，可以看到该文件夹中复制了 DFS 命名空间文件夹的内容。

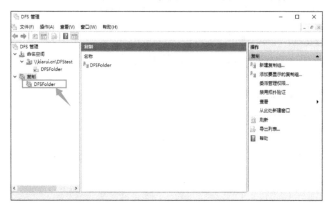

图 4-43　成功创建复制组

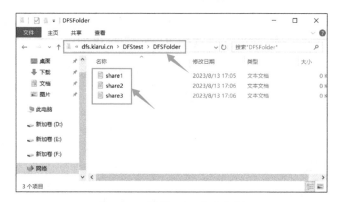

图 4-44　访问 DFS 命名空间

STEP12 在复制组成员任一服务器的对应共享文件夹中添加或删除文件，在其他的成员服务器中都会进行同步，实现 DFS 复制功能。

项目小结

　　本项目主要介绍了与文件服务器配置和管理相关的 Windows 文件系统、NTFS 权限、共享文件夹、文件服务器和 DFS 分布式文件系统等内容。文件系统是操作系统中用于管理和组织文件存储的机制。Windows 文件系统允许用户存储和访问文件，同时提供了文件属性的管理功能，如文件权限和文件压缩等。NTFS 文件系统提供了文件权限管理功能，包括读取、写入和执行等权限，可以针对不同用户或用户组进行授权，确保文件的安全性和访问控制。共享文件夹允许用户在网络中共享文件，使得多个用户可以访问和操作同一文件夹，提高了文件共享的灵活性和工作效率。文件服务器提供了一个集中存储和管理文件的场所，可以提供文件访问、备份和版本控制等服务。文件服务器还可以通过设置访问控制和权限管理，确保文件的安全性和完整性。DFS 分布式文件系统允许用户在多个服务器和目录中存储文件，提供了一个高可用性和可扩展的文件存储架构，提高了文件存储的可靠性和性能。

项目拓展

一、磁盘加密

　　磁盘加密是一种将磁盘上的数据进行加密保护的安全措施。通过磁盘加密，可以防止未经授权的访问者读取或修改磁盘上的数据，即使磁盘设备丢失或被盗，也能保证数据的安全性。

STEP01 启动"添加角色和功能"服务，按提示使用默认设置到"选择功能"界面，如图 4-45 所示，勾选"BitLocker 驱动器加密"和"BitLocker 网络解锁"复选框，单击"下一步"按钮，后面继续采用默认设置按提示完成安装，并按提示重新启动服务器。

图 4-45　安装 BitLocker 驱动器加密组件

STEP02 打开资源管理器，在资源管理器左侧单击要加密的驱动器，如磁盘 E，在菜单栏单击"驱动器工具"，再单击"BitLocker"工具，选择"启用 BitLocker"，如图 4-46 所示。

STEP03 在弹出的"BitLocker 驱动器加密"对话框中可以看到有"使用密码解锁驱动器"和"使用智能卡解锁驱动器"两种加密方式，如图 4-47 所示，勾选"使用密码解锁驱动器"复选框，设置密码后单击"下一步"按钮。

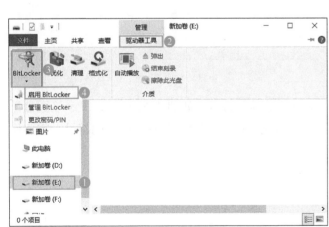

图 4-46　启用 BitLocker

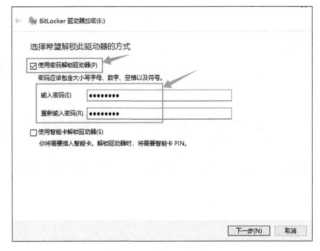

图 4-47　设置密码

STEP04 在"你希望如何备份恢复密钥？"界面选择备份密钥方式，这里选择"保存到文件"，如图 4-48 所示，该文件为恢复密钥文件，用于忘记密码和丢失智能卡时恢复密钥。

STEP05 在"将 BitLocker 恢复密钥另存为"对话框设置文件名及保存位置并保存文件，如保存到"F:\BitLocker"文件夹中，文件名为"BitLocker.txt"。保存后查看该文件，可以看到如图 4-49 所示内容。

STEP06 保存文件后，返回到"BitLocker 驱动器加密"对话框，单击"下一步"按钮，在"选择要加密的驱动器空间大小"界面选择空间大小加密方式，如图 4-50 所示，单击"下一步"按钮。

STEP07 在"选择要使用的加密模式"界面选择加密模式，如图 4-51 所示，单击下一步按钮，在接下来的界面中单击"开始加密"按钮，等待磁盘加密完成。

图 4-48　备份密钥方式

图 4-49　BitLocker 恢复密钥文件内容

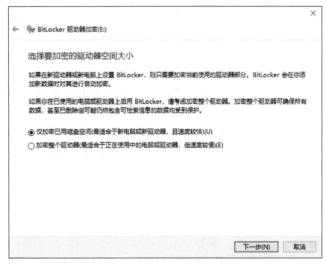

图 4-50　设置加密驱动器空间

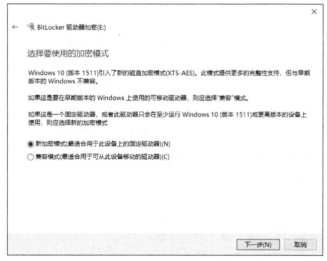

图 4-51　设置加密模式

STEP08 返回资源管理器后，可以看到磁盘 E 上有一把打开的锁的符号，如图 4-52 所示，表示该磁盘经过了加密，这种状态表示可以直接访问该磁盘中的资源。重新启动系统后则是一把锁上的锁的符号，需要使用密码或恢复密钥对磁盘解锁之后才能访问该磁盘的资源。

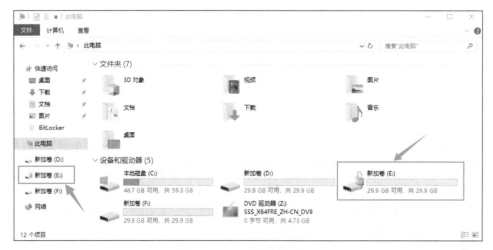

图 4-52　成功设置磁盘加密

STEP09 在已加密的驱动器上单击鼠标右键，选择"管理 BitLocker"命令，打开"BitLocker 驱动器加密"管理窗口，如图 4-53 所示，在已启用 BitLocker 的驱动器右侧单击"关闭 BitLocker"命令，在弹出的"BitLocker 驱动器加密"窗口中单击"关闭 BitLocker"按钮，可以关闭 BitLocker。

图 4-53　关闭 BitLocker

二、PowerShell 命令方式安装 DFS 角色服务

Windows PowerShell 是 Microsoft 为 Windows 设计的一种命令行外壳程序和脚本环境，包含一个命令行 Shell、一个关联的脚本语言以及一个用于处理 cmdlets 的框架。

1. 查询功能 / 角色状态

打开"Windows PowerShell"界面后，使用"Get-WindowsFeature"命令查询"功能 / 角色"名称中包含"FS"的功能 / 角色情况，如图 4-54 所示。

图 4-54　查询"功能 / 角色"的名称、安装状态、依赖项

2. 安装功能 / 角色

使用"Install-WindowsFeatureFS-DFS-Replication-IncludeManagementTools"命令可以安装 DFS 复制和 DFS 命名空间角色服务及其管理工具，如图 4-55 所示。

图 4-55　安装 DFS 服务

3. 删除功能 / 角色

使用"remove-windowsfeature-name name"命令可以删除已经安装的 Windows Server 2019 的功能 / 角色服务。如图 4-56 所示为删除 DFS 命名空间，还需要按提示重新启动服务器才能完成删除。

图 4-56　删除 DFS 命名空间

练习

一、选择题

1. FAT 文件系统的最大磁盘分区是（　　）。
  A．2GB　　　　　　　B．32GB　　　　　　C．2TB　　　　　　D．无限制
2. FAT32 文件系统的最大文件大小是（　　）。
  A．2GB　　　　　　　B．4GB　　　　　　C．2TB　　　　　　D．无限制
3. NTFS 文件系统的最大文件系统容量是（　　）。
  A．16EB　　　　　　B．32EB　　　　　　C．64EB　　　　　D．无限制
4. NTFS 权限中的读取权限是指（　　）。
  A．查看文件或文件夹的内容　　　　　　B．查看文件或文件夹的属性
  C．运行应用程序和可执行文件　　　　　D．以上都是
5. NTFS 权限中的写入权限是指（　　）。
  A．修改文件或文件夹属性和内容　　　　B．在文件夹中创建文件和文件夹
  C．删除文件　　　　　　　　　　　　　D．以上都是
6. NTFS 权限中的完全控制权限是指（　　）。
  A．对文件拥有最高权限
  B．可以修改文件权限以及替换文件所有者
  C．可以进入一个文件夹并查看该文件夹中的文件和子文件夹
  D．以上都是
7. NTFS 特殊权限包括（　　）。
  A．完全控制　　　　　　　　　　　　　B．遍历文件夹 / 执行文件
  C．列出文件夹 / 读取数据　　　　　　　D．以上都是

二、简答题

1. 什么是 NTFS 文件系统？它与 FAT 和 FAT32 相比有什么优势？
2. 分布式文件系统有哪些优势？
3. DFS 命名空间的作用是什么？

项目 5

打印服务器的配置与管理

学习目标

知识目标

- 掌握打印服务的基本概念。
- 掌握打印机的连接方式。
- 掌握打印机的权限及优先级。
- 了解打印机池。

技能目标

- 能够在服务器上安装打印和文件服务。
- 能够在服务器上安装本地打印机和网络打印机。
- 能够管理打印服务器。

素养目标

- 增强信息安全意识，防止未授权访问和数据泄露。
- 增强资源优化与环境保护意识，培养可持续发展理念。
- 增强服务意识，为用户方便使用网络提供技术支持。

项目描述

随着信息技术的飞速发展，KIARUI 科技有限公司在各个领域取得了显著的成就，业务不断拓展，员工数量也在不断增加。为了适应公司的发展需求，提高员工的工作效率和保障数据安全，KIARUI 科技有限公司决定对信息化管理进行升级。在这个过程中，打印机作为一种重要的办公设备，承担着为员工提供文件打印服务的重要职责。为了满足公司不断增长的业务需求，KIARUI 科技有限公司新购进了一批高效、稳定的打印机。为了确保打印机能够正常运行，网络管理员需要合理配置打印服务器，从而能够为员工提供更加便捷、高效的打印服务。

一、打印服务器的基本概念

打印服务器是一种专门用于管理打印机设备和打印作业的计算机系统。它通常被安装在网络中,以便多个用户可以通过网络访问和控制打印机。打印服务器可以管理不同类型的打印机,包括本地打印机和网络打印机,并提供各种打印服务,如打印队列管理、打印作业调度、打印机状态监控等。

在现代企业中,打印服务器起着至关重要的作用。它可以提高打印效率和可靠性,降低打印成本和管理成本,同时提高安全性和保密性。通过集中管理和控制打印机,打印服务器可以减少浪费和重复投资,提高打印机的利用率,延长使用寿命。此外,打印服务器还可以提供高级打印功能,如加密打印、认证打印、移动设备打印等,以满足不同用户的需求和要求。

二、打印服务器的类型

打印服务器可以分为外部打印服务器和内部打印服务器两种。

1. 外部打印服务器

外部打印服务器是一种独立的硬件设备,通过网络连接到打印机和计算机。它通常具有自己的处理器、内存和存储设备,可以独立运行和管理打印任务。外部打印服务器可以通过以太网、Wi-Fi或其他无线网络连接到计算机和打印机,支持多种操作系统和打印协议。

外部打印服务器的优点是易于设置和管理,具有高可靠性和可扩展性,主要适用于大型企业和组织且需要集中管理和控制大量打印资源的情况。外部打印服务器还可以提供高级打印功能,如打印队列管理、打印作业统计、用户身份验证和访问控制等。

2. 内部打印服务器

内部打印服务器是一种安装在计算机上的软件程序,通过网络共享打印机。它通常作为操作系统的一部分或作为独立的软件程序运行,可以通过计算机的网络接口连接到打印机和其他计算机。

内部打印服务器的优点是易于安装和配置、低成本和灵活性。它们适用于小型企业和家庭网络,只需要共享少数打印机的情况。内部打印服务器也支持多种操作系统和打印协议,可以提供基本的打印功能和管理选项。

内部打印服务器依赖于计算机的性能和网络稳定性,如果计算机出现故障或网络不稳定,可能会导致打印服务中断。此外,内部打印服务器也可能存在安全风险,如未经授权的访问和数据泄露等,需要加强安全管理和防护。

三、打印服务器的工作过程

打印服务器在进行工作时,主要工作过程如图 5-1 所示。

图 5-1　打印服务器工作过程

STEP01 客户机需要打印文件时,它会向打印服务器发送一个打印请求。该请求包含了需要打印的文件信息、打印参数和目标打印机等信息。

STEP02 打印服务器接收到客户机发送的打印请求后,会对请求进行解析和处理。它首先会验证请求的有效性和权限，然后确定目标打印机的状态和可用性。如果目标打印机可用，打印服务器会将打印任务添加到打印队列中等待处理。

STEP03 一旦打印任务被添加到打印队列中，打印服务器就会开始向目标打印机发送打印数据。这些数据包括了需要打印的文件内容和打印参数等信息。打印服务器会根据打印机的类型和协议，将打印数据转换成打印机能够理解的格式，并发送到打印机。

STEP04 打印机接收到打印服务器发送的打印数据后，会开始进行打印操作。它会根据打印数据中的参数和文件内容，将文件输出到纸张或其他介质上。

STEP05 打印完成后，打印机会将打印结果返回给打印服务器，并等待下一个打印任务。

STEP06 打印服务器接收到打印机返回的打印结果后，将结果返回给客户机。如果打印成功，则返回打印成功的提示信息；如果打印失败，则返回打印错误提示信息，并提供相应的解决方案。

四、打印机的连接方式

根据打印服务器和打印机连接方式的不同，可以把打印机分为本地打印机和网络打印机。

1. 本地打印机

本地打印机是指直接连接到服务器上的打印机，网络用户需要通过打印服务器共享打印机。本地打印机的配置和管理相对简单，只需要在服务器上安装相应的打印机驱动程序，然后将打印机连接到计算机的USB、并口或串口等接口上即可。在配置本地打印机时，需要指定打印机的名称、端口和驱动程序等信息，以便计算机能够正确识别和控制打印机。

2. 网络打印机

网络打印机是指通过打印服务器将打印机作为独立的设备接入局域网，具有独立的 IP 地址。打印服务器也和交换设备互连，通过网络协议和打印机相互通信，实现对打印机的管理。打印机配置好后，网络上的其他成员可以直接访问使用该打印机。

五、打印机的优先级

打印机的优先级指的是在多个打印任务同时请求打印时，打印机响应的先后顺序。一般来说，优先级高的打印任务会被打印机优先处理。打印机的优先级可以根据实际需求进行设定，例如可以将重要的文件或者紧急的任务设置为高优先级，确保它们得到及时打印。

六、打印机池

打印机池是一种将多个相同型号的打印设备或使用相同驱动程序的打印机集合起来，通过创建一个逻辑打印机来同时管理这些打印设备的技术。当网络中的用户提交打印文档的数量较多时，可以利用打印机池来管理多个相同型号的打印设备，以提高打印速度。

在打印机池中，当用户把需打印的文档送给逻辑打印机时，逻辑打印机会根据各个打印设备的使用情况决定将该文档送给打印机池中的哪一台打印设备进行打印。这样可以充分发挥打印设备的能力，避免某些打印设备长时间闲置，同时也减少了用户的等待时间。

打印机池的优点在于能够提高打印机的可用性和可靠性。当某个打印机出现故障或需要维修时，打印机池可以自动将任务分配给其他可用的打印机，以避免生产线停滞和工作延误。此外，打印机池还可以监控打印机的状态和打印任务的进度，及时发现和解决问题。

项目实施

KIARUI 最近购买了一批打印机，以满足员工日益增长的打印需求。技术部需要将这些打印机部署到公司的局域网中，使所有员工的计算机都能连接到打印机。同时，要对打印机进行适当的管理，以便提高打印服务的可用性。因此技术部准备配置一台打印服务器，以便实现上述要求。在配置打印服务器时，主要包括以下步骤：

1）连接打印机：将打印机连接到打印服务器上，可以通过 USB 接口、以太网接口等方式进行连接。

2）安装打印机驱动程序：在打印服务器上安装相应的打印机驱动程序，以便计算机能够正确识别和控制打印机。

3）设置 IP 地址：为打印服务器设置一个 IP 地址，可以手动设置或者自动获取。如果手动设置 IP 地址，需要确保打印服务器的 IP 地址与网络中的其他设备不冲突。

4）创建打印队列：在打印服务器上为每个打印机创建一个打印队列，以便于管理和控制打印任务。在设置打印队列时，需要指定打印机的型号和名称，并设置打印机的默认参数，如纸张大小、打印质量等。

5）设置共享打印机：将打印机设置为共享打印机，使得网络中的其他计算机可以访问和使用该打印机。

6）配置打印机权限：设置打印机的访问权限和安全设置，以确保打印服务的稳定性和安全性。

7）测试打印：在完成打印服务器的配置后，进行测试打印，以确保打印机正常工作并能够完成打印任务。

8）技术部对打印服务器进行如下规划，见表 5-1。

表 5-1　打印服务器 IP 地址规划

设备	IP 地址	网关	DNS1	DNS2
打印服务器	192.168.10.8/24			
客户机（打印机）	192.168.10.101/24	192.168.10.1	192.168.10.11	192.168.10.2
网络打印机	192.168.10.113/24			
本地打印机				

9）打印服务器网络拓扑图如图 5-2 所示。

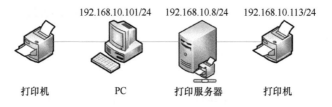

图 5-2　打印服务器网络拓扑图

任务 1　安装本地打印机

本地打印机是将打印机直接连接到打印服务器上的，网络上的用户需要通过打印服务器共享打印机。

STEP01 打开"控制面板"，单击"查看设备和打印机"，在"设备和打印机"窗口中，单击"添加打印机"命令，打开"添加设备"窗口。

STEP02 在默认情况下，系统开始自动搜索已连接的打印设备，可能需要较长时间。如图 5-3 所示，如果不想等待，则可以单击窗口左下角的"我所需的打印机未列出"，打开"按其他选项查找打印机"界面。

STEP03 如图 5-4 所示，在"按其他选项查找打印机"界面选中"通过手动设置添加本地打印机或网络打印机"单选按钮，并单击"下一步"按钮。

图 5-3　添加本地打印机

图 5-4　手动添加打印机

STEP04 如图 5-5 所示，在"选择打印机端口"选中"使用现有的端口"单选按钮，在右侧下拉列表中选择打印机的端口，这里选择"LPT1：（打印机端口）"，然后单击"下一步"按钮。

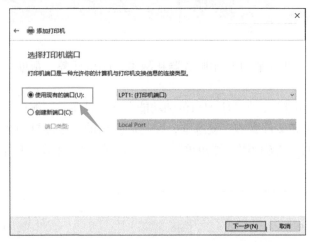

图 5-5　设置打印机端口

STEP05 如图 5-6 所示，在"安装打印机驱动程序"界面的"厂商"列表中选择打印机厂商，然后在"打印机"列表中选择打印机型号，单击"下一步"按钮。

图 5-6　安装打印机驱动程序

STEP06 在"键入打印机名称"界面中的"打印机名称"文本框中可以设置打印机名称，然后单击"下一步"按钮，开始安装打印机。

STEP07 打印机驱动程序安装完成后进入"打印机共享"界面。如图 5-7 所示，选中"共享此打印机以便网络中的其他用户可以找到并使用它"单选按钮，并设置打印机的共享名称、位置和注释等信息，然后单击"下一步"按钮。

图 5-7　共享打印机

STEP08 在"你已经成功添加 Generic IBM Graphics 9pin"界面单击"完成"按钮，结束安装过程。如图 5-8 所示，在"设备和打印机"端口的"打印机"列表中可以看到成功添加的"Generic IBM Graphics 9pin"打印机。

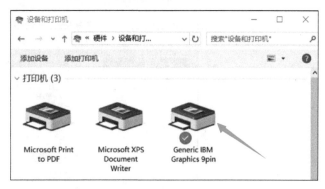

图 5-8　成功添加打印机

STEP09 在客户机打开资源管理器，并在地址栏内输入"\\192.168.10.8"访问打印服务器，可以看到共享打印机，如图 5-9 所示。

STEP10 双击打印机图标，在客户机打开需要打印的文件，如"打印测试 .txt"，在"文件"菜单中选择打印命令，在"打印"对话框的"选择打印

机"列表中可以看到网络打印机,如图 5-9 所示,
选中该打印机后,单击"打印"按钮,即可完成打
印工作。

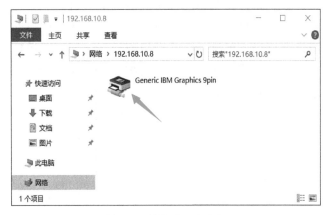

图 5-9　访问共享打印机

图 5-10　打印文件

任务 2　安装打印服务器角色

在 Windows Server 2019 中安装打印服务器角色,可以集中管理打印服务器和网络打印机任务,帮助企
业提高打印效率。

STEP01 在"服务器管理器"窗口中单击"添加角色和功能",在"添加角色和功能向导"界面的左侧单击
"服务器角色",在右侧的"角色"列表框中勾选"打印和文件服务"复选框,在随后弹出的"添加打印和
文件服务所需的功能"界面中单击"添加功能"按钮,返回"选择服务器角色"界面,如图 5-11 所示,单击
"下一步"按钮。

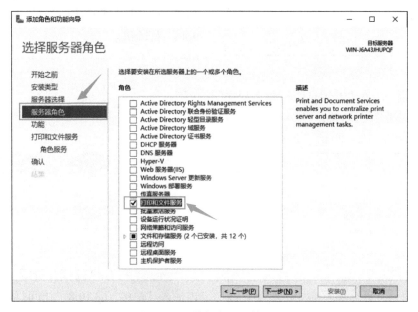

图 5-11　安装打印和文件服务

STEP02 在"选择功能"界面单击"下一步"按钮,在"打印和文件服务"界面可以看到注意事项,在这
个界面单击"下一步"按钮,在"选择角色服务"界面的"角色服务"列表框中选择需要的服务,如图 5-12
所示。如果需要使用 Web 浏览器连接并打印到此服务器上的共享打印机,则勾选"Internet 打印"复选框,

如果是基于 UNIX 的计算机或使用行式打印机远程工具 LPR 服务的其他计算机打印到该服务器上的共享打印机，则勾选"LPD 服务"复选框，然后单击"下一步"按钮。

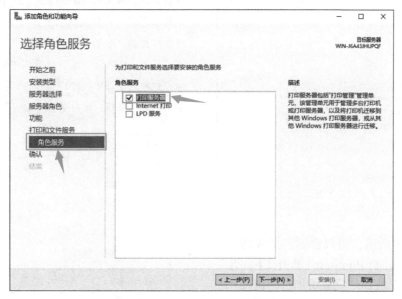

图 5-12　选择打印服务功能

STEP03 在"确认安装所选内容"界面中确认所要安装的角色服务是否正确，然后单击"安装"按钮，开始安装打印服务器角色。安装成功后，在"安装进度"界面单击"关闭"按钮，结束安装。

STEP04 在"服务器管理器"面板的"工具"菜单中选择"打印管理"命令，打开"打印管理"窗口，依次单击左侧窗格中的"打印服务器"→"Print（本地）"→"打印机"，可以在中间主区域看到当前系统已安装的打印机列表，如图 5-13 所示。

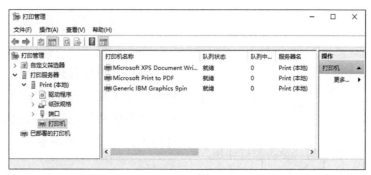

图 5-13　打印机列表

任务 3　安装网络打印机

网络打印机的安装可以通过如"任务 1 安装本地打印机"的打印机安装向导完成，也可以通过"打印管理"窗口完成。

一、打印机安装向导安装网络打印机

接下来利用打印机安装向导把一台打印机添加到打印服务器，方便服务器对打印机进行统一管理。这台打印机与另一台计算机（IP 地址：192.168.10.101）相连，打印机共享名为"Print-test"。

STEP01 按"任务 1"的步骤 1 和步骤 2，如图 5-14 所示，在"按其他选项查找打印机"界面选择"按名称选择共享打印机"单选按钮，并在文本框中输入打印机所在的 IP 地址和共享名称，然后单击"下一步"按钮。

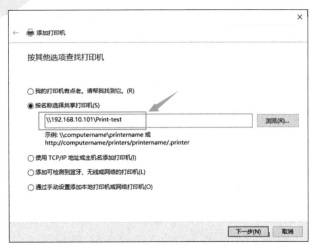

图 5-14 添加网络打印机

STEP02 如图 5-15 所示，可以看到已经成功添加 192.168.10.101 上的打印机 Print-test，单击"下一步"按钮，再单击"完成"按钮，完成添加打印机操作。

图 5-15 成功添加网络打印机

STEP03 返回到"控制面板"的"设备和打印机"窗口后，可以看到新添加的共享打印机，如图 5-16 所示。

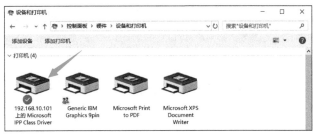

图 5-16 打印机列表

👤 小提示

按上述步骤添加了打印机后，在"打印管理"窗口看不到新添加的打印机。要将与其他计算机连接的打印机添

加到"打印管理"窗口，方便打印服务器统一管理，可以将该计算机作为服务器添加进来。具体操作方法如下：在"打印管理"窗口左侧单击"打印服务器"，在"操作"菜单中选择"添加 / 删除服务器"命令，如图 5-17 所示，在"添加 / 删除服务器"对话框中的"添加服务器"的文本框中输入该计算机的 IP 地址，然后单击 IP 地址右侧的"添加到列表"按钮，之后单击"确定"按钮。

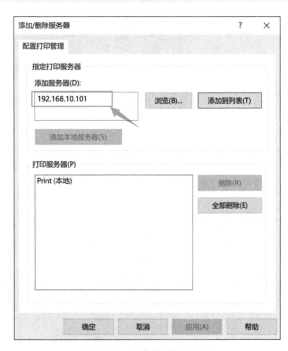

图 5-17 添加打印服务器

返回"打印管理"窗口后，可以看到窗口的左侧新添加了服务器 192.168.10.101，展开该节点，并单击"打印机"选项，可以看到与该计算机连接的打印机，如图 5-18 所示。

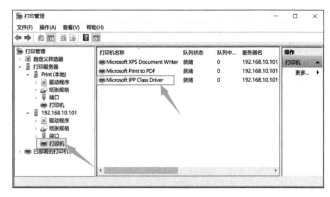

图 5-18 打印管理窗口

二、在打印管理窗口添加网络打印机

已提前安装了一台网络打印机，该打印机的 IP 地址为 192.168.10.113，打印机的名字为 G3000 series

_2CAAE9000000，现在把这台打印机添加到打印服务器上，方便打印服务器对打印机进行管理。

STEP01 在"打印管理"窗口选择"操作"菜单中的"添加打印机"命令。

STEP02 如图5-19所示，在"网络打印机安装向导"的"打印机安装"界面选中"按IP地址或主机名添加TCP/IP或Web服务打印机"单选按钮，然后单击"下一步"按钮。

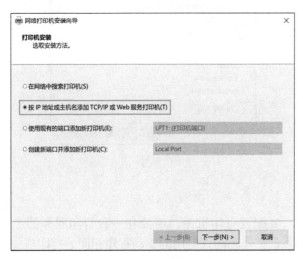

图 5-19 安装网络打印机

STEP03 在"打印机地址"界面的"主机名称或IP地址"文本框中输入打印机的IP地址，如图5-20所示，然后单击"下一步"按钮。

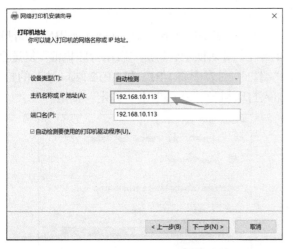

图 5-20 设置网络打印机IP地址

STEP04 服务器查找到打印机后进入到"打印机名称和共享设置"界面，如图5-21所示。在"打印机名称和共享设置"界面设置打印机名、共享名称、位置、注释等信息后，单击"下一步"按钮。

图 5-21 设置网络打印机共享名称

STEP05 在"找到打印机"界面会显示找到的打印机信息，确认这些信息后，单击"下一步"按钮，开始安装新的打印机。

STEP06 打印机安装成功后，在"正在完成网络打印机安装向导"界面单击"完成"按钮，返回"打印管理"窗口，可以看到成功添加的打印机，如图5-22所示。在"控制面板"的"设备和打印机"窗口也可以看到成功添加的打印机。

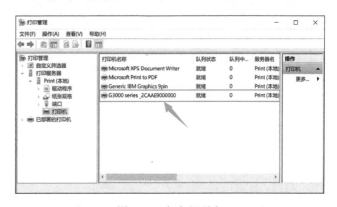

图 5-22 打印机列表

任务4 管理打印服务器

要想让打印机工作良好，安装和部署打印服务只是第一步，还必须进行适当的管理，包括设置共享打印机权限、优先级、后台打印等。

一、管理打印机权限

STEP01 在"打印管理"窗口中右击要修改权限的打印机"Generic IBM Graphics 9pin",在弹出的快捷菜单中选择"属性"命令,打开"Generic IBM Graphics 9pin 属性"对话框,并切换到"安全"选项卡,如图 5-23 所示。

图 5-23 打印机属性

STEP02 选择要修改权限的组或用户名,勾选"允许"或"拒绝"复选框以允许或拒绝相应的权限。如果要为其他用户或组设置权限,则单击"添加"按钮进行相应的操作即可。如果要查看特殊权限,则单击"高级"按钮,打开"Generic IBM Graphics 9pin 的高级安全设置"窗口,如图 5-24 所示。

图 5-24 打印机安全设置

二、设置打印机优先级

如图 5-25 所示,在"Generic IBM Graphics 9pin 属性"对话框中,切换到"高级"选项卡,将"优先级"

的值设为1。优先级的数值范围是 1 ～ 99,数值越大,优先级越高。

图 5-25 设置打印机优先级

三、配置打印机池

要配置打印机池,需要在一台打印服务器上添加多台型号相同且使用的驱动程序相同的打印机。

STEP01 按"任务 1"的方式再添加一台或多台打印机,使用的端口不相同。如在"LPT2:(打印机端口)"添加一台打印机 Generic IBM Graphics 9pin。

STEP02 在"打印管理"窗口打开"Generic IBM Graphics 9pin 属性"对话框,并切换到"端口"选项卡。

STEP03 如图 5-26,在"Generic IBM Graphics 9pin 属性"对话框中,勾选"启用打印机池"复选框,在"端口"列表中将 LPT1 和 LPT2 端口号上的打印机加入打印机池,然后单击"确定"按钮。

图 5-26 设置打印机池

项目小结

本项目介绍了打印服务器、打印服务器的类型、工作过程和打印机等基本概念，并强调了信息安全、资源优化和环境保护以及服务意识的重要性。另外，本项目介绍了添加本地打印机和网络打印机的方法，还介绍了如何对打印服务器进行基本的管理，包括管理打印机权限、设置打印机优先级和配置打印机池等。

项目拓展

一、PowerShell 方式安装打印和文件服务

Windows PowerShell 是 Microsoft 为 Windows 设计的一种命令行外壳程序和脚本环境，包含一个命令行 Shell、一个关联的脚本语言以及一个用于处理 cmdlets 的框架。

1. 查询功能 / 角色状态

使用 "Get-WindowsFeature *print*" 命令查询 Windows Server 2019 的 "打印和文件服务" 的名称、安装状态、依赖项等具体情况，如图 5-27 所示。

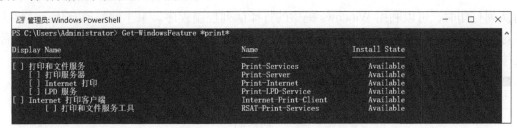

图 5-27　查询打印和文件服务

2. 安装打印和文件服务角色

使用 "Install-WindowsFeature Print-Services-IncludeManagementTools" 安装 "文件和文件服务" 角色，如图 5-28 所示。

图 5-28　安装打印和文件服务

二、打印机相关设置规则

1. 选择正确的打印机驱动程序

打印机需要与计算机相连，并安装正确的驱动程序。选择正确的打印机驱动程序有助于提高打印机的稳定性和打印质量。

2. 选择合适的打印纸张和打印质量

不同种类的打印机支持不同种类的打印纸张和打印质量。在打印之前，需要选择合适的打印纸张和打印质量，以确保打印出的文档或图片的质量符合要求。

3. 设置纸张大小和边距

在打印之前，需要设置适当的纸张大小和边距。如果设置不正确，可能会导致打印结果不符合要求，例

如字体被截断、文档格式错乱等。

4. 缩略图打印设置

在打印机支持的情况下，缩略图打印允许用户在一张纸上一次打印几页的内容。具体设置方法是：在应用程序界面中执行打印命令来打开"打印"设置对话框，并在"打印机名称"列表中选择一个打印机，然后单击"首选项"按钮；在随后出现的"打印首选项"界面中找到"页面格式"，在"每张纸打印的页数"下拉列表中选择每张纸打印的页数，通常的选项包括1、2、4、6、9 和 16；可以在该对话框中预览页面布局的结果，如图 5-29 所示。设置完毕后，单击"确认"或者"打印"按钮即可。不同的打印机在设置缩略图打印时情况可能不相同。

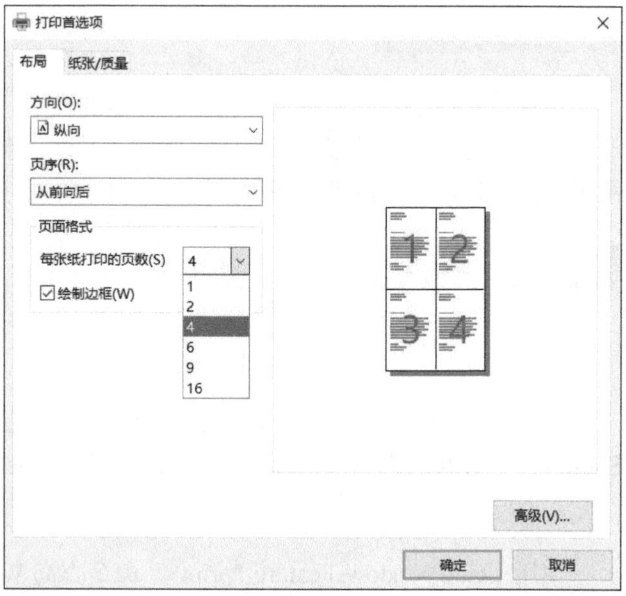

图 5-29　缩略图打印设置

5. 队列打印设置

在进行队列打印时，可以利用 Windows 提供的打印队列控制程序，来了解当前有什么文件正在等待打印，也可以对打印队列中的任务进行编辑。例如，可以删除打印队列中的某些文件打印任务，也能取消某些等待打印文件的优先级。

练习

一、选择题

1. 设置打印机池的主要目的是（　　　　）。
   A. 提高打印速度　　　　　　　　　　　　B. 节省墨盒成本
   C. 减少服务器负载　　　　　　　　　　　D. 方便打印管理

2. 打印服务器的主要功能是（　　　　）。
   A. 打印管理　　　　　B. 文件管理　　　　C. 网络管理　　　　D. 系统管理

3. 打印服务器可以管理（　　　）的打印机。
   A. 仅本地打印机　　　　　　　　　　　　B. 仅网络打印机
   C. 本地和网络打印机　　　　　　　　　　D. 所有类型的打印机

4. 在打印服务器上添加打印机时，通常需要安装（　　　）服务。
   A. DHCP　　　　　　　B. DNS　　　　　　C. 打印　　　　　　D. Web

5. 在打印服务器项目中，网络管理员的主要职责是（　　　　）。
   A. 管理员工打印作业　　　　　　　　　　B. 安装和维护打印机
   C. 管理打印服务器　　　　　　　　　　　D. 确保数据安全

二、简答题

1. 打印服务器的主要功能是什么？
2. 如何规划和设置打印服务器？
3. 打印服务器的安装和设置有哪些常见方式？

项目6

DHCP 服务器的配置与管理

● ● ● ●

学习目标

知识目标

○ 掌握 DHCP 的基本概念、功能与作用。

○ 掌握 DHCP 的工作原理。

○ 掌握 DHCP 地址分配类型。

技能目标

○ 能安装 DHCP 服务器。

○ 能授权 DHCP 服务器、管理 DHCP 作用域的相关方法。

○ 能配置 DHCP 中继代理、配置 DHCP 超级作用域的相关方法。

素养目标

○ 培养工匠精神，要求做事严谨、精益求精、爱岗敬业。

○ 增强信息安全意识，提高 DHCP 服务器的可靠性。

○ 增强服务意识，为用户方便使用网络提供技术支持。

项目描述

　　KIARUI 科技有限公司的内部网络已经基本搭建完成，计算机的 IP 地址、子网掩码、默认网关和 DNS 服务器的 IP 地址等信息，原本采用手工配置的方式进行配置，但这种方式经常导致 IP 地址冲突，或是错误配置网关或 DNS 服务器的 IP 地址而导致无法上网，增加了管理员的工作难度和管理难度。特别是随着公司内笔记本计算机数量的不断增多，职工移动办公的情况越来越多，计算机位置经常变动导致频繁修改 IP 地址，使得此类错误频繁发生。

　　为了解决这些问题，公司在本次网络升级改造中，特别在网络中部署了 DHCP 服务器，以实现公司内所有计算机的 IP 地址等信息的自动配置。通过 DHCP 服务器的部署，可以大大减少手工配置带来的错误，提高工作效率。同时，DHCP 服务器的使用还可以简化计算机配置过程，减轻 IT 管理员的工作负担，使他们能够更加专注于其他重要的工作任务。

一、DHCP 概述

1. DHCP 动态主机配置协议

DHCP（Dynamic Host Configuration Protocol）是动态主机配置协议的缩写，该协议是一种网络管理协议，用于自动为网络中的主机分配 IP 地址、子网掩码、默认网关、DNS 服务器等网络配置信息。DHCP 可以大大简化手动配置网络参数的过程，提高网络管理的效率。

DHCP 协议支持 C/S（客户机 / 服务器）结构，主要分为两部分：DHCP 服务器和 DHCP 客户机。DHCP 采用 UDP 作为传输协议，客户机发送消息到 DHCP 服务器的 67 号端口，服务器返回消息给客户机的 68 号端口。

2. DHCP 服务器

DHCP 服务器是一台安装有 Windows Server 操作系统或其他网络操作系统的计算机，且需要安装 TCP/IP 协议，并为其设置静态 IP 地址、子网掩码、默认网关等内容。DHCP 服务器控制一段 IP 地址范围，客户机登录服务器时就可以自动获得服务器分配的 IP 地址和子网掩码等信息。

3. DHCP 客户机

DHCP 客户机（DHCP Client）是指从服务器动态获取 IP 地址、子网掩码、默认网关、DNS 服务器等网络配置信息的客户端计算机。在 DHCP 客户机和服务器之间的通信过程中，客户机会发送一个 DHCP Discover 广播包，以寻找可用的 DHCP 服务器。一旦收到 DHCP 服务器发送的 DHCP Offer 广播包，客户端会向服务器发送一个 DHCP Request 广播包，以确认接受提供的网络参数。完成这一系列步骤后，客户机就可以使用自动配置的网络参数与网络中的其他设备进行通信了。

二、IP 地址分配方式

DHCP 服务器的 IP 地址分配方式有手动分配、自动分配和动态分配。

1. 手动分配

网络管理员在 DHCP 服务器上通过手工方法配置 DHCP 客户机的 IP 地址。当 DHCP 客户端请求网络服务时，DHCP 服务器会将之前手动设置的 IP 地址分配给 DHCP 客户机。这种方法需要将客户机的 MAC 地址与 IP 地址进行绑定。

2. 自动分配

自动分配不需要进行任何的 IP 地址手工分配。当 DHCP 客户机第一次向 DHCP 服务器租用到 IP 地址后，这个地址就永久地分配给该 DHCP 客户机，而不会再分配给其他客户机。

3. 动态分配

当 DHCP 客户机向 DHCP 服务器租用 IP 地址时，DHCP 服务器只是暂时分配给客户端一个 IP 地址。只要租约到期，这个地址就会还给 DHCP 服务器，以供其他客户端使用。如果 DHCP 客户端仍需要一个 IP 地址来完成工作，则可以请求 DHCP 服务器重新分配一个 IP 地址。

三、DHCP 工作过程

DHCP 客户端通过和 DHCP 服务器的交互通信以获得 IP 地址租约。为了从 DHCP 服务器获得一个 IP 地址，在标准情况下，DHCP 客户机和 DHCP 服务器之间会进行四次通信。DHCP 协议通信使用端口 UDP 67（服务器端）和 UDP 68（客户机）进行通信，UDP68 端口用于客户机请求，UDP67 用于服务器响应，并且大部分 DHCP 协议通信使用广播进行，具体如图 6-1 所示。

图 6-1　DHCP 工作过程

1. 发现阶段

DHCP 客户机以广播方式发送 DHCP Discover 发现信息来寻找 DHCP 服务器，即向地址 255.255.255.255 发送特定的广播信息。网络上每一台安装了 TCP/IP 协议的主机都会接收到这种广播信息，但只有 DHCP 服务器才会做出响应。

2. 提供阶段

在接收到 DHCP 发现信息后，网络中所有的 DHCP 服务器都会从尚未出租的 IP 地址中挑选一个分配给 DHCP 客户机，并向 DHCP 客户机发送一个包含出租的 IP 地址和其他设置的 DHCP Offer 提供信息。

3. 选择阶段

DHCP 客户机会从接收到的多个 DHCP Offer 中选择第一个收到的 DHCP Offer，并向网络发送一个 DHCP Request 请求信息，该信息中包含向所选定的 DHCP 服务器请求 IP 地址的内容。

4. 确认阶段

在收到 DHCP Request 后，DHCP 服务器会向客户机发送一个 DHCP ACK 确认信息，确认 IP 地址和其他配置信息的分配。

四、DHCP 租约更新

DHCP 客户机从 DHCP 服务器获取的 TCP/IP 配置信息是有使用期限的，其期限长短由提供 TCP/IP 配置信息的 DHCP 服务器规定，默认租期为 8 天（可以调整）。为了延长使用期，DHCP 客户机需要更新租约，更新方法有两种：自动更新和手动更新。

1. 自动更新

在客户机重新启动或租期达到 50% 时，客户机会直接向当前提供租约的服务器发送 DHCP Request 请求包，要求更新及延长现有地址的租约。若 DHCP 服务器收到请求，则发送 DHCP 确认信息给客户机，更新客户机的租约。若客户机无法与提供租约的服务器取得联系，则客户机一直等到租期达到 87.5% 后进入重新申请的状态。此时，客户机会向网络上所有 DHCP 服务器广播 DHCP Discover 包来要求更新现有的地址租约，如有服务器响应客户机的请求，那么客户机使用该服务器提供的地址信息更新现有的租约。若租约过期或一直无法与任何 DHCP 服务器通信，DHCP 客户机将无法使用现有的地址租约。

2. 手动更新

在 DHCP 客户机上可以使用 "ipconfig /renew" 命令对 IP 地址租约进行手动更新，该命令通常与 "ipconfig /release" 一同使用。"ipconfig /release" 命令的作用是释放已有的 IP 地址租约。

五、DHCP 作用域参数

作用域是指可以为一个特定的子网中的客户端分配或租借的有效 IP 地址范围，管理员可以在 DHCP 服务器上配置作用域来确定分配或租借给 DHCP 客户端的 IP 地址范围。为了使客户机可以使用 DHCP 服务器上的动态 TCP/IP 配置信息，必须先在 DHCP 服务器上建立并激活作用域，可以根据网络环境的需要，在一台 DHCP 服务器上建立多个作用域。每个子网只能创建一个对应作用域，每个作用域具有一个连续的 IP 地址范围，在作用域中可以排除一个特定的地址或一组地址。

在作用域下共有五个子项，其中："地址池"用于查看、管理该作用域中 IP 地址的范围以及排除范围；"地址租用"用于查看已出租给客户端的 IP 地址；"保留"用于设置将指定的 IP 地址保留给特定的客户端；"作用域选项"用于查看、设置提供给客户机的其他可选的网络参数（如默认网关、DNS 的 IP 地址等）；"策略"用于根据某种策略（如用户类或 MAC 地址）来分配 IP 地址和选项给 DHCP 客户端。

六、DHCP 服务器授权

当网络是一个域环境时，只有经过活动目录"授权"后，才能使 DHCP 服务生效、从而阻止其他非法的 DHCP 服务器提供服务。Windows Server 2019 为 AD（Active Directory，活动目录）的网络提供了集成的安全性支持，针对 DHCP 服务器，它提供了授权的功能。使用这一功能可以对网络中配置正确的合法 DHCP 服务器进行授权，允许它们为客户机自动分配 IP 地址。同时，能够检测未授权的 DHCP 服务器，以及防止这些服务器在网络中启动或运行，从而提高了网络的安全性。

当网络环境只是一个工作组时，DHCP 服务器无须经过授权就可使用，当然也就无法阻止那些非法的 DHCP 服务器了。

七、中继代理

DHCP 中继代理（DHCP Relay）是一种程序，其功能是在 DHCP 服务器和客户机之间转发 DHCP 数据包。当 DHCP 客户机与服务器不在同一个子网上，就必须有 DHCP 中继代理来转发 DHCP 请求和应答消息，如图 6-2 所示。

图 6-2　DHCP 中继代理

DHCP 中继代理的数据转发与通常的路由转发不同。通常的路由转发是透明传输，设备一般不会修改 IP 包内容。而 DHCP 中继代理在接收到 DHCP 消息后，会重新生成一个 DHCP 消息，然后转发出去。在 DHCP 客户机看来，DHCP 中继代理就像 DHCP 服务器；在 DHCP 服务器看来，DHCP 中继代理就像 DHCP 客户机。

DHCP 中继代理的工作过程如下：

1）当 DHCP 客户机启动并进行 DHCP 初始化时，它会在本地网络上广播配置请求报文。

2）如果本地网络存在 DHCP 服务器，客户端可以直接进行 DHCP 配置，无需 DHCP Relay。

3）如果本地网络没有 DHCP 服务器，与本地网络相连的网络设备若具有 DHCP Relay 功能，在收到广播报文后会进行适当处理，并将报文转发给指定网络上的 DHCP 服务器。

4）DHCP 服务器根据 DHCP 客户机提供的信息进行相应配置，并通过 DHCP Relay 将配置信息发送给 DHCP 客户机，完成对 DHCP 客户机的动态配置。实际上，从开始到最终完成配置，可能需要经过多个这样的交互过程。

5）DHCP Relay 设备会修改 DHCP 消息中的相应字段，将 DHCP 广播包转换为单播包，并在服务器和客户机之间进行转换。

项目实施

KIARUI 科技有限公司的网络管理员在部署公司 DHCP 服务器时，根据公司信息中心的实际情况制订了一份 DHCP 服务器部署方案。

1）在 Windows Server 2019 操作系统上安装 DHCP 服务器软件。

2）规划 IP 地址池及相关参数。

3）架设 DHCP 中继代理服务器，为不同网段的客户机提供 DHCP 服务。

4）监控与维护：定期监控 DHCP 服务器的运行状态，确保其稳定运行；对 IP 地址池进行定期清理和调整，确保其可以合理利用。

5）DHCP 服务器配置规划拓扑图如图 6-3 所示。

图 6-3　DHCP 网络拓扑图

任务 1　安装 DHCP 服务器

要架设 DHCP 服务器，首先要在服务器上安装 DHCP 服务。在 Windows Server 2019 中，DHCP 服务没有随系统一起安装。安装 DHCP 服务步骤如下：

STEP01 在"服务器管理器"界面，依次选择"仪表板"→"快速启动"→"添加角色和功能"，打开"添加角色和功能向导"面板，在"开始之前""选择安装类型""选择目标服务器"界面中均使用默认设置，并单击"下一步"按钮。

STEP02 如图 6-4 所示，在"选择服务器角色"界面中，勾选"DHCP 服务器"选项，并在弹出的"添加 DHCP 服务器所需的功能？"界面中单击"添加功能"，返回"选择服务器角色"界面后单击"下一步"按钮。

STEP03 在接下来的界面中使用默认设置并单击"下一步"按钮。

STEP04 在"确认安装所选内容"界面中，单击

"安装"按钮进行安装。注意在安装过程中需要提供 Windows Server 2019 系统安装光盘和指定安装文件路径。

图 6-4　安装 DHCP 服务器

STEP05 如图 6-5 所示，安装完成后，在"安装进度"界面单击"关闭"按钮，重启服务器后生效。

图 6-5　完成安装 DHCP 服务器

STEP06 DHCP 服务器安装完成后，可在"服务器管理器"界面的"工具"菜单中选择"DHCP"命令，打开 DHCP 管理器窗口，如图 6-6 所示。

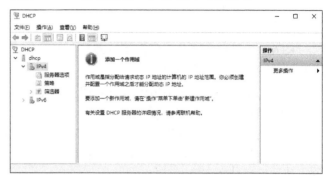

图 6-6　DHCP 管理器

任务 2　架设 DHCP 服务器

当 DHCP 服务器在域环境中工作时，需要经过活动目录的"授权"才能使其 DHCP 服务生效。而在网络环境仅为工作组时，DHCP 服务器无需经过授权即可使用。本任务以域工作环境为例来架设 DHCP 服务器。至于加入域的方法，可以参考"项目 10 活动目录服务器的配置与管理"中的"任务 3 计算机加入域"。授权后的 DHCP 服务器与工作组状态的 DHCP 服务器的配置方式基本一致。

一、服务器授权

STEP01 在 DHCP 管理器中的"DHCP"上单击鼠标右键，在快捷菜单中选择"管理授权的服务器"命令，如图 6-7 所示。

图 6-7　管理授权的服务器

STEP02 在弹出的"管理授权的服务器"对话框中单击"授权"按钮。

STEP03 在"授权 DHCP 服务器"界面的"名称或 IP 地址"文本框中输入 DHCP 服务器的 IP 地址或其名称，如图 6-8 所示，单击"确定"按钮。

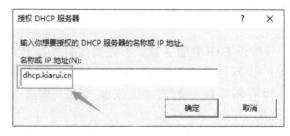

图 6-8　授权 DHCP 服务器

STEP04 如图 6-9 所示，在"确认授权"界面单击"确定"按钮，返回"管理授权的服务器"对话框，单击"关闭"按钮，完成授权。

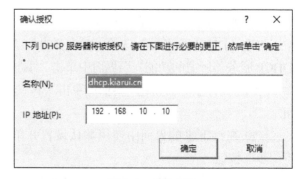

图 6-9　确认授权

二、创建 DHCP 作用域

STEP01 在 DHCP 管理器左侧的 "IPv4" 上单击鼠标右键，在弹出的快捷菜单中选择 "新建作用域" 命令，如图 6-10 所示。

图 6-10　新建作用域

STEP02 在 "新建作用域向导" 的 "欢迎使用新建作用域向导" 界面单击 "下一步" 按钮。

STEP03 在 "作用域名称" 界面设置作用域的名称，如图 6-11 所示，单击 "下一步" 按钮。

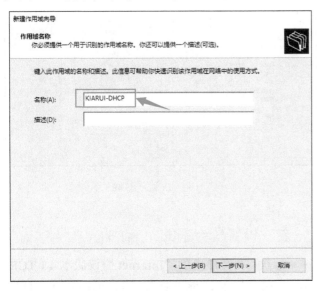

图 6-11　设置作用域名称

STEP04 在 "IP 地址范围" 设置 DHCP 服务器的起始 IP 地址、结束 IP 地址、长度、子网掩码等信息，如图 6-12 所示，之后单击 "下一步" 按钮。

STEP05 在 "添加排除和延迟" 界面设置要排除的地址范围后单击 "添加" 按钮，设置子网延迟时间（默认为 0 毫秒），如图 6-13 所示，单击 "下一步" 按钮。

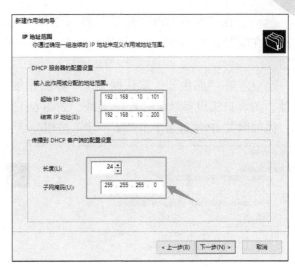

图 6-12　设置 IP 地址池

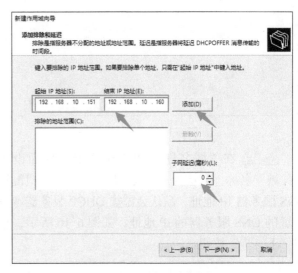

图 6-13　设置排除地址范围

STEP06 在 "租用期限" 界面设置客户机从作用域租用 IP 地址后的使用时间长短，默认租用期限为 8 天，如图 6-14 所示，单击下一步按钮。

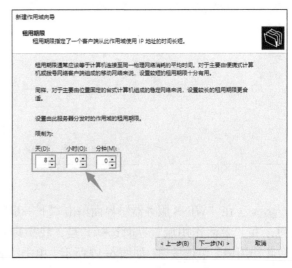

图 6-14　设置租用期限

STEP07 在"配置 DHCP 选项"界面选择"是，我想现在配置这些选项"单选按钮，单击"下一步"按钮。

STEP08 在"路由器（默认网关）"界面添加 IP 地址，为客户机设置默认网关 IP 地址，如图 6-15 所示，添加网关 IP 地址后单击"下一步"按钮。

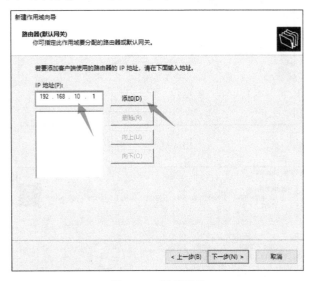

图 6-15　设置网关

STEP09 在"域名称和 DNS 服务器"界面设置"父域"名称，默认为工作域名称，并为客户机配置 DNS 服务器 IP 地址，默认会添加 DHCP 服务器本身配置的 DNS 服务器的 IP 地址，如图 6-16 所示，单击"下一步"按钮。

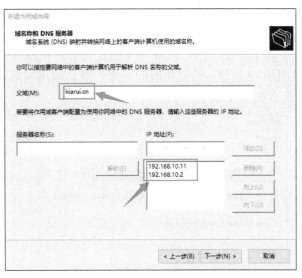

图 6-16　设置 DNS

STEP10 在"WINS 服务器"界面单击"下一步"按钮，在"激活作用域"界面选择"是，我想现在激活此作用域"单选按钮，如图 6-17 所示，单击"下一步"按钮。

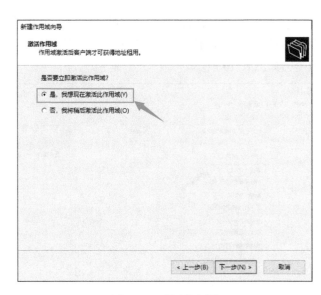

图 6-17　激活作用域

STEP11 在"正在完成新建作用域向导"界面单击"完成"按钮，完成作用域的创建，结果如图 6-18 所示。

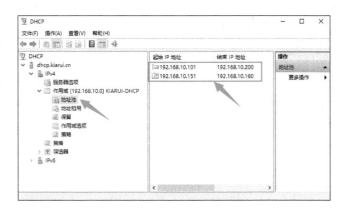

图 6-18　完成作用域创建

三、设置与验证 DHCP 客户机

STEP01 在客户机的"Internet 协议版本 4（TCP/IPv4）属性"对话框上选择"自动获得 IP 地址"和"自动获得 DNS 服务器地址"单选按钮，如图 6-19 所示。

STEP02 打开命令对话框，使用 ipconfig/release 命令释放当前 IP 地址配置，使用 ipconfig/renew 命令重新获取 IP 地址，最后使用命令 ipconfig/all 可以查看网络配置信息，结果如图 6-20 所示。

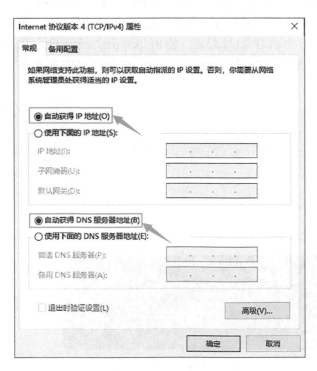

图 6-19　客户机设置 DHCP 获取 IP 地址

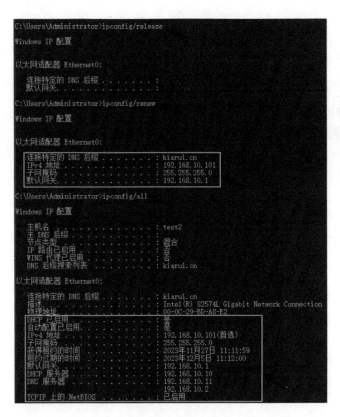

图 6-20　DHCP 客户机重新获取 IP 地址

STEP03 在 DHCP 服务器的 DHCP 管理器中可以看到地址租用情况，如图 6-21 所示。

图 6-21　DHCP 服务器 IP 地址租用情况

四、保留特定的 IP 地址

所谓保留，是指 DHCP 服务器可以将某个指定的 IP 地址分配给特定的客户机，即使该客户机没有开机，也不会将此 IP 地址分配给其他计算机。设置保留就是将 DHCP 服务器地址池中指定的 IP 地址与特定客户机的物理地址进行绑定。

STEP01 在要设置保留 IP 地址的客户机上进入命令提示符状态，使用命令"ipconfig/all"查看网络配置信息，并把物理地址（MAC 地址）记录下来，如图 6-22 所示。

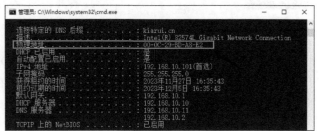

图 6-22　获取客户机物理地址

STEP02 在 DHCP 服务器管理的"作用域"下的"保留"节点上单击鼠标右键，在弹出的快捷菜单中选择"新建保留"命令，如图 6-23 所示。

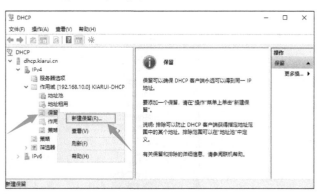

图 6-23　新建保留 IP 地址

STEP03 在"新建保留"对话框中输入保留名称、IP 地址、MAC 地址等信息，如图 6-24 所示，单击"添加"按钮后添加一个保留地址，可以继续添加保留地址。添加完成后单击"关闭"按钮。

STEP03 在指定客户机上使用 ipconfig/release 命令释放当前 IP 地址配置；使用 ipconfig/renew 命令重新获取 IP 地址，如图 6-25 所示；最后使用命令 ipconfig/all 可以查看网络配置信息，客户机可以获取保留 IP 地址。

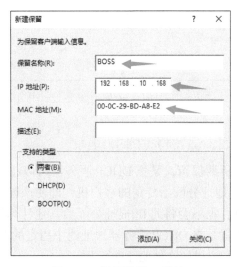

图 6-24　设置保留 IP 地址

图 6-25　获取保留 IP 地址

任务 3　架设 DHCP 中继代理服务器

DHCP 中继可以使客户机通过它与其他网段的 DHCP 服务器通信，最终获取 IP 地址，解决了 DHCP 客户机不能跨网段向服务器动态获取 IP 地址的问题。在配置中继代理服务器时，DHCP 服务器的网关必须指向 DHCP 中继代理服务器的 IP 地址。

一、配置 DHCP 服务器

在 DHCP 服务器上按之前的方法添加新的作用域，结果如图 6-26 所示。

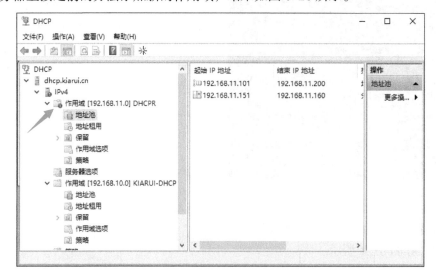

图 6-26　新建作用域

二、配置 DHCP 中继代理服务器

STEP01 在 DHCP 中继代理服务器上配置两个网络适配器，网络适配器 1（Ethernet0）的网络连接设置为 LAN 区段"jiaocai"，网络适配器 2（Ethernet1）及客户机的网络适配器的网络连接设置为"自定义 VMnet1（仅主机模式）"，如图 6-27 所示。

图 6-27　设置网络适配器

STEP02 按服务器规划的 IP 地址将 Ethernet0 的 IP 地址设置为 192.168.10.1/24，将 Ethernet1 的 IP 地址设置为 192.168.11.1/24。

STEP03 参照"项目 12 路由与远程服务的配置与管理"的任务 1，在 DHCP 中继代理服务器上安装"远程访问服务"角色服务。

STEP04 在服务器管理器的"工具"菜单中选择"路由和远程访问"命令，打开"路由和远程访问"管理器，如图 6-28 所示。

STEP05 在路由和远程访问管理器窗口左侧的"DHCPR（本地）"上单击鼠标右键，在弹出的快捷菜单中选择"配置并启用路由和远程访问"命令，打开"路由和远程访问服务器安装向导"后单击"下一步"按钮。

STEP06 在"配置"界面选择"自定义配置"单选按钮，如图 6-29 所示，单击"下一步"按钮。

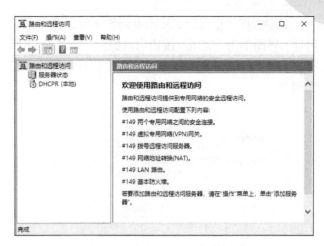

图 6-28　路由和远程访问管理器

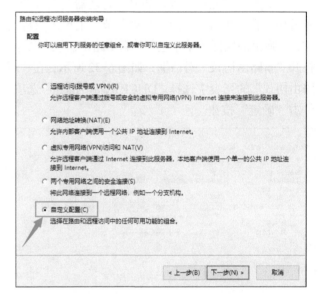

图 6-29　设置路由和远程访问服务器

STEP07 在"自定义"界面勾选"LAN 路由"复选框，如图 6-30 所示，单击"下一步"按钮。

图 6-30　自定义路由和远程访问服务器

STEP08 在"正在完成路由和远程访问服务器安装向导"界面单击"完成"按钮启动服务，如图6-31所示，单击"启动服务"按钮，返回"路由和远程访问"管理器。

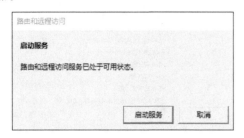

图 6-31　启动路由和远程访问服务

STEP09 在"路由和远程访问"管理器左侧展开控制台树，在"IPv4"下的"常规"节点上单击鼠标右键，在弹出的快捷菜单中选择"新增路由协议"命令，打开"新路由协议"对话框，如图6-32所示，在"新路由协议"的列表中选择"DHCP Relay Agent"选项，单击"确定"按钮。

图 6-32　新建路由协议

STEP10 返回"路由和远程访问"管理器后，在新增的"DHCP 中继代理"选项上单击鼠标右键，在弹出的快捷菜单中选择"新增接口"命令，打开"DHCP Relay Agent 的新接口"对话框，如图6-33所示，在"接口"列表中选择"Ethernet1"后，单击"确定"按钮。

STEP11 在"DHCP 中继属性 -Ethernet1 属性"对话框中勾选"中继 DHCP 数据包"复选框，设置"跃点计数阈值"和"启动阈值"，默认数值均为4，如图6-34所示，单击"确定"按钮。

图 6-33　新建路由接口

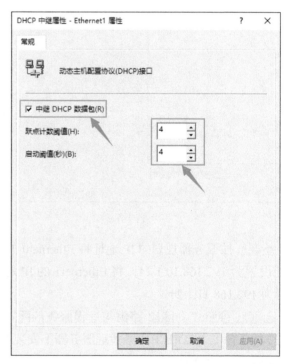

图 6-34　设置 DHCP 中继属性

STEP12 返回"路由和远程访问"管理器后，在"DHCP 中继代理"选项上单击鼠标右键，在弹出的快捷菜单中选择"属性"命令，在"DHCP 中继代理属性"对话框中的"服务器地址"文本框中输入DHCP 服务器的 IP 地址，如图6-35所示，单击"添加"按钮，再单击"确定"按钮，完成 DHCP 中继代理服务器的配置。

STEP13 在"虚拟网络编辑器"中编辑虚拟网络，把 VMnet1 的本地 DHCP 服务取消，如图6-36所示。

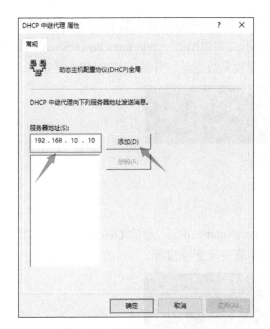

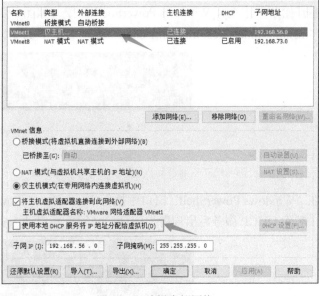

图 6-35　设置 DHCP 服务器　　　　　　　　　　　　图 6-36　编辑虚拟网络

STEP 14 在客户机上使用 ipconfig/release 命令释放当前 IP 地址配置，使用 ipconfig/renew 命令重新获取 IP 地址，最后使用命令 ipconfig/all 可以查看网络配置信息，结果如图 6-37 所示。

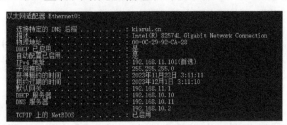

图 6-37　客户机通过 DHCP 中继代理获取 IP 地址

项目小结

　　动态主机配置协议 DHCP（Dynamic Host Configuration Protocol）是一种网络管理协议，用于集中对用户 IP 地址进行动态管理和配置。在 IP 网络中，每个连接 Internet 的设备都需要分配唯一的 IP 地址。DHCP 使网络管理员能从中心结点监控和分配 IP 地址。当某台计算机移到网络中的其他位置时，能自动收到新的 IP 地址。DHCP 实现的自动化分配 IP 地址不仅降低了配置和部署设备的时间，同时也降低了发生配置错误的可能性。另外 DHCP 服务器可以管理多个网段的配置信息，当某个网段的配置发生变化时，管理员只需要更新 DHCP 服务器上的相关配置即可，实现了集中化管理。

　　本项目首先介绍了 DHCP 的相关概念、IP 地址分配方式、工作原理等，然后利用实际的工作场景介绍了 DHCP 服务组件的安装，主要讲解 DHCP 服务器配置：授权 DHCP 服务器、管理 DHCP 作用域（包括创建 DHCP 作用域、创建多个 IP 作用域、保留特定的 IP 地址、配置 DHCP 选项、配置 DHCP 类别选项、DHCP 客户机的配置与测试）；还介绍了 DHCP 中继代理等。

项目拓展

一、PowerShell 方式安装 DHCP 服务

Windows PowerShell 是 Microsoft 为 Windows 设计的一种命令行外壳程序和脚本环境，包含一个命令行

Shell、一个关联的脚本语言以及一个用于处理 cmdlets 的框架。使用 PowerShell 方式安装 DHCP 服务操作如下：

在开始菜单中选择 Windows PowerShell 命令，如图 6-38 所示，在弹出的 "Windows PowerShell" 窗口中执行 "install-windowsfeature -name dhcp" 安装 DHCP 命令，系统收集数据后，开始安装 DHCP 服务。

图 6-38　安装 DHCP 服务

二、PowerShell 方式删除 DHCP 服务

在 "Windows PowerShell" 窗口中执行 "remove-windowsfeature -name dhcp" 删除 DHCP 命令，如图 6-39 所示，删除 DHCP 服务后出现警告信息：必须重新启动服务器才能完成删除过程。

图 6-39　删除 DHCP 服务

三、合理配置 DHCP 服务器，提升网络管理效率

DHCP 服务器是一种自动化配置网络的技术，可以为网络中的设备分配 IP 地址、子网掩码、默认网关等信息。对于需要管理大量设备的网络管理员或企业，使用 DHCP 服务器能够减轻大量的配置负担，提高网络连接的速度和稳定性。

在设置 DHCP 服务器前，需要确定网络中可以使用的 IP 地址范围。一般情况下，需要根据网络的规模和设备数量来决定 IP 地址的数量和范围。为避免 IP 地址冲突，可以将一个子网内的 IP 地址范围设置在一个网段内。在设置 DHCP 服务器时，合理地设置租约时间，能够更好地管理网络中的设备，提高网络连接的速度和稳定性。

DNS 服务器是为解析 Internet 上的域名而设立的服务器。为了让网络中的设备能够快速准确地解析域名，需要将 DNS 服务器的 IP 地址添加到 DHCP 服务器的设置中。这样，网络中的设备将可以快速地解析域名，提高网络连接的速度和稳定性。

在 DHCP 服务器上设置 IP 地址范围、租约时间和 DNS 服务器等信息后，还需要保证网络中没有 IP 地址冲突。如果发现 IP 地址冲突，可以通过手动配置 IP 地址或者修改 DHCP 服务器上设备的 IP 地址来解决问题。此外，还可以使用 IP 地址管理工具对网络中的 IP 地址进行管理。

为了避免 DHCP 服务器数据丢失，需要定期备份 DHCP 服务器数据。在备份数据时，需要保证备份的数据完整并能正常恢复。如果发生意外情况导致 DHCP 服务器数据丢失，可以通过备份数据来进行恢复，降低网络故障对企业造成的影响。

随着企业的发展和网络规模的扩大，DHCP 服务器的设置也需要不断调整和更新。在更新 DHCP 服务器时，需要进行合理的计划和测试，确保更新后不会对网络连接造成不良影响，并能提高网络连接的速度和稳定性。

为了保证 DHCP 服务器的稳定性和安全性，需要对 DHCP 服务器进行定期检查。检查的内容可以包括 IP 地址范围、租约时间、DNS 服务器、备份数据等方面。此外，还需要对 DHCP 服务器的安全性进行评估，并采取必要的安全措施，防止 DHCP 服务器出现安全漏洞。

在日常使用中，可能会遇到 DHCP 服务器故障的情况。为了快速有效地解决 DHCP 服务器故障，需要在故障发生前制订相应的应急处理方案。此外，还应该保证 DHCP 服务器正常运行时，其运行状态得到充分的监测和记录。如果出现故障时，可以通过查看日志来解决问题，提高网络连接的速度和稳定性。

设置 DHCP 服务器需要仔细考虑网络规模、设备数量、IP 地址范围、租约时间、DNS 服务器和备份等因素，结合实际情况进行灵活设置和调整。在日常使用中需要定期检查 DHCP 服务器并采取相应的维护措施，以提高网络连接的速度和稳定性，并保证网络管理员的工作效率和质量。

练习

一、选择题

1. DHCP 协议是关于（　　　）的协议。
　　A．邮件传输　　　　　　　　　　　　B．动态主机配置
　　C．超文本传输　　　　　　　　　　　D．网络新闻组传输

2. 下列哪个命令用来释放 DHCP 客户机的 IP 地址？（　　　）
　　A．ipconfig/all　　　　　　　　　　 B．ipconfig/release
　　C．ipconfig/renew　　　　　　　　　 D．ipconfig

3. 某企业要部署一个企业内部网，网络中有 80 台 Windows7、50 台 Windows10、5 台 Windows Server 2019，各个部门的计算机之间用路由器相连，要求所有的计算机在同一个网段内。为了减小管理员的工作负担，在网络中实现 DHCP 服务并创建一个 192.168.2.0/24 的作用域，可是发现只有和 DHCP 服务器在同一个网段的计算机能够获得 192.168.2.X 的 IP 地址，其他网段的计算机只能获得 169.254.X.X 的 IP 地址。下述解释中，不属于导致这种现象的原因是？（　　　）
　　A．DHCP 服务器不能跨越路由器分配 IP 地址
　　B．DHCP 服务器不能收到其他网段的 DHCP Discover 广播包
　　C．DHCP 服务器的区域没有激活
　　D．没有配置 DHCP 中继代理

4. DHCP 服务器的服务在哪个端口上运行？（　　　）
　　A．TCP 22　　　　 B．UDP 67　　　　 C．UDP 68　　　　 D．TCP 135

5. 在 DHCP 服务器上，哪个参数指定了可分配的 IP 地址范围？（　　　）
　　A．租约时间　　　　 B．网关地址　　　　 C．作用域　　　　 D．DNS 服务器地址

6. 当 DHCP 客户机重新启动时，它如何获取其 IP 地址？（　　　）
　　A．通过 ARP 协议获取　　　　　　　　B．通过 DHCP Discover 广播消息获取
　　C．通过 DHCP Request 广播消息获取　　D．通过 DHCP Offer 广播消息获取

7. 在 DHCP 服务器上，哪个配置项用于定义客户机的 MAC 地址与 IP 地址的绑定关系？（　　　）
　　A．子网掩码　　　　　　　　　　　　B．DNS 服务器地址
　　C．作用域　　　　　　　　　　　　　D．固定 IP 地址分配列表

二、简答题

1. 简述 DHCP 服务器的 IP 地址分配过程。

2. 简述 IP 地址租约和更新的全过程。

项目 7

DNS 服务器的配置与管理

项目描述

    KIARUI 科技有限公司的内部网络已经基本搭建完成并已连接 Internet。现阶段，公司员工基本上是通过 IP 地址进行相互访问，众多的 IP 地址让员工难以记忆，造成访问相关业务时非常麻烦，特别是后期为了方便其他用户访问相关资源，需要网络管理员在公司局域网内部部署 DNS 服务器，实现基于域名来访问公司的相关资源，提高工作效率。

一、DNS 的基本概念

1. DNS 域名系统

DNS 是 Domain Name System（域名系统）的缩写，是 Internet 上解决网上机器命名的一种系统。计算机在网络上通信时只能识别 IP 地址，以 IPv4 地址为例，它是由四段以"."分开的数字组成，如 IP 地址 54.223.45.113，在记忆时不如名字记忆方便，如 www.cmpedu.com（机工教育服务网），因此，在网络系统中采用了域名系统来管理名字和 IP 地址的对应关系。

2. DNS 域名空间

域名空间是指定义了所有可能的名字的集合，具体来说是指域名系统的名字空间，具有分布式的层次结构，这种结构也可以看作是树形结构。如图 7-1 所示，DNS 域名空间包括根域（rootdomain，用"."表示）、顶极域（top-level domain，TLD）、二级域（second-level domain，SLD）和子域（subdomain）。

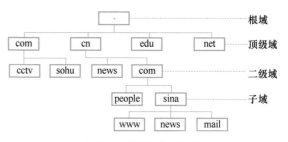

图 7-1 DNS 域名空间

在域名空间结构中，域名系统不区分树内节点和叶子节点，统称为节点，不同节点可以使用相同的标记。标记由英文字母、阿拉伯数字、连字符（-）3 类字符组成，英文字母不区分大小写，每个标记的长度不得超过 63 个字符。一个节点的域名是由从该节点到根的所有节点的标记连接组成的，中间以"."分隔，完整的域名总长度不超过 255 字符。在实际的使用中，每个标记的长度一般小于 8 个字符，域名的标记数量通常不多于 5 个。

域名空间的最上层节点的域名称为顶级域名，第二层节点的域名称为二级域名，以此类推，即二级域可以再划分出子域（三级域），子域下面可以是主机，也可以是再划分的子域（四级域），直到最后的主机名。如域名 www.sina.com.cn.，该域名中"com"与"cn"之间的"."代表根域，".cn"为顶级域，".com"为二级域，".sina"为三级域，"www"为主机名。域名由 ICANN（Internet Corporation for Assigned Names and Numbers，因特网域名与地址管理机构）负责管理，该机构为不同的国家和地区设置了相应的顶级域名。常见的顶级域分为机构域和地理域，表 7-1 中列举了常用的顶级域。

表 7-1 常用的顶级域

机构域		地理域	
.com	商业组织	.cn	中国
.edu	教育机构	.ru	俄罗斯
.net	网间连接组织	.us	美国
.gov	政府	.de	德国
.org	非营利性组织	.fr	法国
.int	国际组织	.jp	日本
.mil	军事组织	.it	意大利
.aero	航空运输	.in	印度
.biz	商务	.kr	韩国
.pro	会计师、律师、医师	.au	澳大利亚
.info	无特定指向		
.coop	协作组织		
.museum	博物馆		
.name	个人		

3. DNS 服务器

DNS（Domain Name Server，域名服务器）用于保持和维护域名空间中的数据，是进行域名（domain name）和与之相对应的 IP 地址（IP address）转换的服务器。DNS 中保存了域名和与之相对应的 IP 地址的表，用以解析消息的域名。DNS 域名系统实际上就是把域名翻译成 IP 地址的软件，装有域名系统的主机也就是域名服务器。

二、DNS 的工作过程

互联网中每一台网络设备都需要分配一个 IP 地址，数据的传输实际上是在不同 IP 地址之间进行的。DNS 的作用就是用来将计算机名解析成对应的 IP 地址，或者将 IP 地址解析成对应的计算机名称。在实际的工作中，DNS 分为客户机和服务器端，客户机在进行网络访问时，向服务器端询问一个域名，服务器端则向此客户机回答该域名对应的 IP 地址。

当客户机程序要通过一个主机名称来访问网络中的一台主机资源时，首先要得到这个主机名称所对应的 IP 地址，而该 IP 地址则是通过 DNS 服务器进行查询，具体的查询方式分为本地解析、直接解析、递归查询、迭代查询。

1. 本地解析

本地解析的过程如图 7-2 所示，在 Windows 系统中有一个主机文件 hosts，客户机把平时访问网络中的主机时得到的 DNS 查询记录保存在本地 DNS 服务缓存中，当该客户机程序提出 DNS 查询请求时，该查询请求将传送至 DNS 客户机程序，DNS 客户机程序自动从本地缓存信息及 hosts 文件中寻找对应的 IP 地址，一旦找到，系统会立即返回查询结果，该 DSN 查询处理过程结束。

DNS 客户机　　　本地 DNS 服务缓存　　　hosts 文件

图 7-2　本地解析

在 Windows Server 2019 中，hosts 文件位于 %systemroot%\system32\drivers\etc\ 文件夹中，该文件是一个纯文本文件，文件主要内容如图 7-3 所示。

图 7-3　hosts 文件

2. 直接解析

如图 7-4 所示，当客户机不能从本地 DNS 服务缓存及主机文件中查询到需要的 DNS 记录时，DNS 客户机程序向客户机设定的 DNS 服务器发送查询请求，该 DNS 服务器收到查询请求后，在本地区域数据库或本地 DNS 服务缓存中查询是否有该请求的域名与 IP 地址的对应关系，如果可以解析，则给予回应。

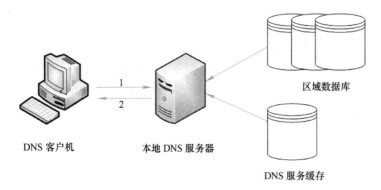

图 7-4　直接解析

当本地 DNS 服务器不能回答客户机的 DNS 查询请求时，该服务器需要向其他 DNS 服务器进行查询，此时有两种查询方式：递归查询、迭代查询。

3. 递归查询

当 DNS 客户机设定的 DNS 服务器收到 DNS 客户机的查询请求后，该服务器在自己的缓存或区域数据库中查找，如果找到则返回结果，如果找不到，则该 DNS 服务器以 DNS 客户机的身份向其他根域名服务器继续发出查询请求，如图 7-5 所示，最终 DNS 服务器只会向 DNS 客户端返回两种信息之一：在 DNS 服务器上查到的结果或是查询失败。

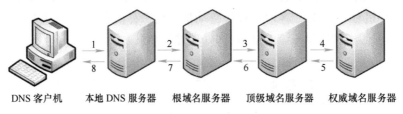

图 7-5　递归查询

4. 迭代查询

迭代查询也称为"重指引"，如图 7-6 所示，DNS 客户机发出请求后，DNS 客户机设定的 DNS 服务器在本地查询不到请求信息时，就会以 DNS 客户机的身份向其他配置的根域名服务器进行查询，如果该根域名服务器的 DNS 服务缓存和区域数据库中查询不到请求信息，它将把自己知道的顶级域名服务器的 IP 地址告诉本地 DNS 服务器，让本地 DNS 服务器再向顶级域名服务器查询，直至返回查询结果或查询失败。

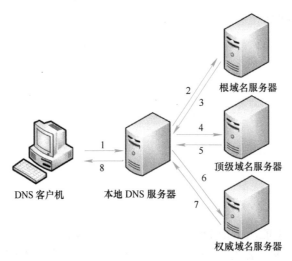

图 7-6　迭代查询

在进行域名解析时，DNS 服务器又可以提供两种不同方向的查询：正向解析和反向解析。正向解析是指 DNS 服务器根据客户机请求的域名查询其对应的 IP 地址。要实现正向解析，需要在 DNS 服务器内部创建正向解析区域。反向解析是指 DNS 服务器根据客户机提供的 IP 地址映射为域名。要实现反向解析，需要在 DNS 服务器中创建反向解析区域。

三、DNS 区域类型

在实际工作中，为了分散 DNS 名称管理工作的负荷，将 DNS 名称空间划分为区域（Zone）来进行管理。Windows Server 2019 中的 DNS 服务器有三种区域类型：主要区域（Primary Zone）、辅助区域（Secondary Zone）、存根区域（Stub Zone）。

1. 主要区域

主要区域中包含了相应的 DNS 命名空间中所有的资源记录，是区域中所包含的所有 DNS 域的权威 DNS 服务器，可以对区域中所有资源记录进行读写。通常对于 DNS 服务器设置，就是指设置主要区域数据库的记录，即创建主要区域后，网络管理员可直接在此区域内新建、修改和删除记录。

如果 DNS 服务器是独立的服务器，在 DNS 区域内的记录存储在区域文件中，该区域文件名默认为"区域名称 .dns"，默认保存在 %systemroot%\System32\dns\ 文件夹中。当 DNS 服务器是域控制器时，区域内数据库的记录会存储在区域文件或 Active Directory 数据库内，所有的记录会随着 Active Directory 数据库的复制而被复制到其他域控制器中。

2. 辅助区域

辅助区域是主要区域的备份。辅助区域内的文件是从主要区域直接复制过来，同样包含相应的 DNS 命名空间所有的资源记录，辅助区域内的区域文件是只读文件。当 DNS 服务器内创建了一个辅助区域后，这个 DNS 服务器就是这个区域的辅助名称服务器。

3. 存根区域

存根区域是一个区域副本，包含标识该区域权威 DNS 服务器所需的资源记录，包括名称服务器（NameServer，NS）、主机资源记录的区域副本以及存根区域内服务器无权管理区域的资源记录。

四、资源记录

DNS 数据库文件由区域文件、缓存文件和反向搜索文件等组成，其中区域文件是最主要的，它保存着 DNS 服务器所管辖区域的主机的域名记录。当进行 DNS 解析时，DNS 服务器会查询自己的数据库资源记录并予以响应。常见的资源记录的类型及说明见表 7-2，主要包括 SOA 记录、NS 记录、A 记录等。

表 7-2 资源记录的类型及说明

资源记录类型	类型字段说明
SOA（Start Of Authority）	初始授权记录，在一个区域是唯一的，定义了区域的全局参数，进行整个区域的管理设置
NS（NameServer）	名称服务器记录，在一个区域至少有一条，用于标识区域 DNS 服务器
A（Address）	主机记录，建立 DNS 域名到 IP 地址的映射，用于正向解析
CNAME（Canonical Name）	别名记录，用于将 DNS 域名映射到另一个主要的或规范的名称，即 A 记录上，当服务器 IP 地址变更时，只需更改 A 记录域名与 IP 地址的映射关系，则别名记录的域名自动映射到新的 IP 地址
PTR（Domain Name Pointer）	指针记录，建立 IP 地址到 DNS 域名的映射，实现反向解析
MX（Mail Exchanger）	邮件交换器记录，指向一个邮件服务器，用于电子邮件发邮件时根据收件人的地址后缀来定位邮件服务器
SRV（Service Resource Record）	服务资源记录，一般为活动目录设置时的应用。资源记录把服务名字映射为提供服务的服务器名字。活动目录客户和域控制器使用 SRV 资源记录决定域控制器的 IP 地址

除上述资源记录类型外，Windows Server 2019 的 DNS 服务器还提供了其他类型的资源记录，用于适应

网络上的各种服务的域名解析需要。标准的资源记录具有基本的格式：

| [name] | [ttl] | IN | type | rdata |

name 字段是名称字段名，即用户在浏览器中输入的名称。

ttl 字段代表生存时间，以秒为单位，表示记录可以临时存储在缓存中的时间。

IN 字段用于将当前资源记录标识为一个 Internet 的 DNS 资源记录。

type 字段是类型字段，用于标识当前资源记录的类型。

rdata 字段是解析出的域名信息，如 IP 地址。

项目实施

为了给 KIARUI 科技有限公司部署 DNS 服务器，公司信息中心网络管理员根据公司的实际情况制订了一份 DNS 部署规划方案，具体内容如下。

1）在长沙公司总部架设主 DNS 服务器，负责公司 kiarui.cn 域名的管理和总部计算机域名的解析。

2）在南昌子公司架设委派 DNS 服务器，负责 nc.kiarui.cn 域名的管理和南昌区域计算机域名的解析。

3）在广州办事处架设辅助 DNS 服务器，负责 gz.kiarui.cn 域名的管理和广州区域计算机域名的解析。

4）公司域名规划。公司为主要的应用服务器做了域名规划，域名、IP 地址和服务器的映射关系见表 7-3。

表 7-3 域名、IP 地址和服务器映射表

服务器角色	计算机名称	IP 地址	域名	位置
主 DNS 服务器	DNS	192.168.10.1/24	dns.kiarui.cn	长沙
Web 服务器	WEB	192.168.10.2/24	www.kiarui.cn	长沙
委派 DNS 服务器	NCDNS	192.168.10.101/24	dns.nc.kiarui.cn	南昌
文件服务器	FS	192.168.10.102/24	fs.nc.kiarui.cn	南昌
辅助 DNS 服务器	GZDNS	192.168.10.201/24	gzdns.kiarui.cn	广州

另外，公司还准备搭建 FTP 服务器以及邮件服务器，为了节约资源，FTP 服务器、邮件服务器与 Web 服务器共用一台物理机，需要用到的域名为 ftp.kiarui.cn、mail.kiarui.cn、smtp.kiarui.cn。

5）公司网络拓扑图如图 7-7 所示。

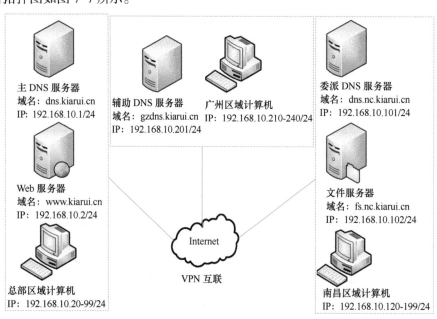

图 7-7 KIARUI 公司网络拓扑图

任务 1　安装 DNS 服务

要架设 DNS 服务器，首先要在服务器上安装 DNS 服务。在 Windows Server 2019 中，DNS 服务没有随系统一起安装。如果在安装 DNS 服务前已经将服务器配置为域控制器，则 DNS 服务已经安装。通过"服务器管理器"面板的"工具"菜单查看是否有 DNS 命令，如果没有，则需要安装 DNS 服务器。具体安装步骤如下：

STEP01 在"服务器管理器"界面打开"添加角色和功能向导"，在"选择服务器角色"界面中，勾选"DNS 服务器"选项，并在弹出的"添加 DNS 服务器所需的功能？"界面中单击"添加功能"，返回"选择服务器角色"界面，如图 7-8 所示，单击"下一步"按钮。

图 7-8　选择服务器角色

STEP02 在接下来的"选择功能"界面、"Web 服务器角色（IIS）"界面、"选择角色服务"界面中使用默认设置并单击"下一步"按钮。

STEP03 在"确认安装所选内容"界面中，单击"安装"按钮进行安装。

STEP04 如图 7-9 所示，安装完成后，在"安装进度"界面单击"关闭"按钮。

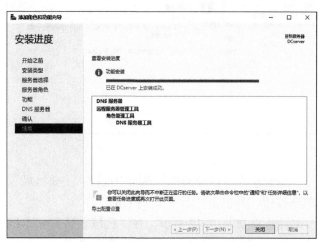

图 7-9　DNS 服务器安装完成

STEP05 DNS 服务器安装完成后，可在"服务器管理器"界面的"工具"菜单中选择"DNS"命令，打开"DNS 管理器"窗口，如图 7-10 所示。

图 7-10　DNS 管理器

任务 2　架设 DNS 服务器

架设 DNS 服务器时，管理员可以选择将 DNS 服务器指定为主服务器还是辅助服务器。在某些情况下，服务器可以是一个区域的主要服务器，也可以是另一个区域的辅助服务器。主服务器托管控制区域文件，该文件包含域的所有权威信息，如域的 IP 地址以及负责该域的管理的人员。主服务器直接从本地文件获取此信息。只能在主服务器上更改区域的 DNS 记录，然后主服务器才能更新辅助服务器。

一、创建 DNS 正向查找区域

DNS 服务器安装之后，还无法提供域名解析服务。架设主 DNS 服务器时，首先创建主要区域的正向查找区域。具体实施步骤如下。

STEP01 打开"DNS管理器"对话框，如图7-11所示，在"正向查找区域"位置单击鼠标右键，在快捷菜单中选择"新建区域"命令，打开"新建区域向导"面板之后，单击"下一步"按钮。

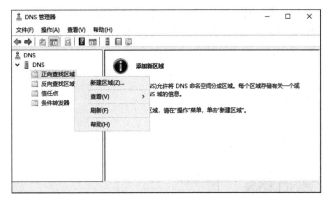

图 7-11　新建正向查找区域

STEP02 在"区域类型"界面中选择"主要区域"单选按钮，并单击"下一步"按钮。

STEP03 如图7-12所示，在"区域名称"文本框中，输入规划域名 kiarui.cn 之后单击"下一步"按钮，在接下来的"区域文件"和"动态更新"界面中均使用默认设置并单击"下一步"按钮。

STEP04 在"正在完成新建区域向导"界面中，单击"完成"按钮，完成正向查找区域的创建，结果如图7-13所示。

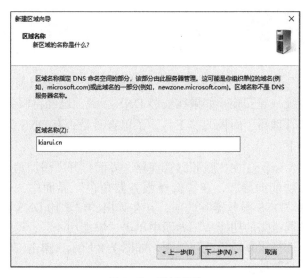

图 7-12　区域名称

图 7-13　成功创建正向查找区域

二、创建反向查找区域

在网络中DNS查找基本上都是正向查找，但为了实现客户机对服务器访问，不仅需要将一个域名解析成IP地址，还需要将IP地址解析成域名，这就需要使用反向查找功能。创建反向查找区域的步骤如下。

STEP01 如图7-14所示，在"DNS管理器"中的"反向查找区域"位置单击鼠标右键，选择"新建区域"。

图 7-14　新建反向查找区域

STEP02 在"欢迎使用新建区域向导"界面中单击"下一步"按钮，在接下来的"区域类型"和"反向查找区域名称"界面中使用默认设置并单击"下一步"按钮。

STEP03 在"反向查找区域名称"界面中，选择"网络ID"单选按钮，并将与域名对应的网络号填入该文本框中，如图7-15所示，之后单击"下一步"按钮。

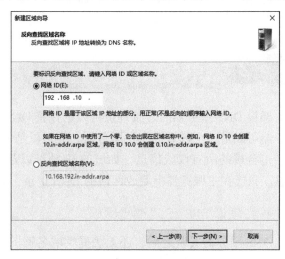

图 7-15　反向查找区域名称

图 7-16　成功创建反向查找区域

三、创建资源记录

创建新的主要区域后，DNS 服务器会自动创建起始授权机构授权、名称服务器等记录。除此之外，DNS 数据库还需要新建其他的资源记录，如主机地址、指针、别名、邮件交换器等资源记录。新建资源记录就是向域名数据库中添加域名和 IP 地址的映射关系，之后 DNS 服务器就可以进行域名解析。网络管理员可以根据实际情况和需要向主要区域中添加资源记录。

1. 创建主机（A）记录

主机记录用于记录在正向查找区域内建立的主机名与 IP 地址的关系，以供从 DNS 的主机域名、主机名到 IP 地址的查询，即完成计算机名到 IP 地址的映射。在实现虚拟主机技术时，管理员可以通过为同一主机设置多个不同的 A 类型记录，达到使同一 IP 地址的主机对应多个不同主机域名的目的。创建主机记录步骤如下。

STEP01 如图 7-17 所示，在"DNS 管理器"中，展开正向查找区域后，在"kiarui.cn"位置单击鼠标右键，在弹出的菜单中单击"新建主机 (A 或 AAAA)"命令。

后弹出的 DNS 面板中单击"确定"按钮，完成 DNS 服务器域名注册。

图 7-17　新建主机记录命令

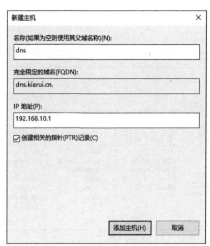

图 7-18　新建主机记录

STEP02 如图 7-18 所示，在"新建主机"对话框的"名称"文本框中输入主 DNS 服务器的名称"dns"，在"IP 地址"文本框中输入主 DNS 服务器的 IP 地址 192.168.10.1，如果勾选"创建相关的指针（PTR）记录"复选框，则会自动创建对应的指针记录。设置完成后单击"添加主机"按钮，在随

返回"新建主机"对话框后，单击"完成"按钮，完成主机记录的创建，如图 7-19 所示。因为勾选了"创建相关的指针（PTR）记录"复选框，所以会自动创建对应的指针记录，在反向查找区域中可以看到对应的指针记录，如图 7-20 所示。

STEP03 按上述方法，可以添加更多主机记录，例如，创建 Web 服务器和邮件服务器的域名映射，创建结果如图 7-21 所示。

图 7-19　成功创建主机记录

图 7-20　自动成功创建指针记录

图 7-21　Web 服务器和邮件服务器主机记录

2. 创建别名（CNAME）记录

通过建立主机的别名记录，可以实现将多个完整的域名映射到一台计算机。别名记录通常用于标识主机的不同用途。例如，在任务规划中，Web 服务器同时用于 FTP 服务器，在这种情况下，可以将 Web 服务器建立一个别名"ftp.kiarui.cn"，将该别名记录实际指向 Web 服务器。如果有多个域名都指向同一个主机记录，当更改服务器 IP 地址后，只需更改主机记录的 IP 地址，提高管理员的工作效率。创

建别名记录的步骤如下。

STEP01 如图 7-17 所示，在快捷菜单中选择"新建别名 (CNAME)"命令。

STEP02 在"新建资源记录"对话框的"别名"文本框中输入"ftp"，在"目标主机的完全合格的域名"文本框中输入主机记录名"www.kiarui.cn"，如图 7-22 所示，单击"确定"按钮，返回"DNS 管理器"，完成别名的创建，结果如图 7-23 所示。

图 7-22　新建别名记录

图 7-23　成功创建别名记录

3. 创建邮件交换记录

邮件交换记录用于记录邮件服务器，或者用于传递邮件的主机，以便为邮件交换主机提供邮件路由，最终将邮件发送给记录中指定域名的主机。当邮件客户机发出对该账户的收发邮件请求时，DNS 客户机将把邮件域名的解析请求发送到 DNS 服务器，在 DNS 服务器上建立邮件交换记录，指明对邮件域名进行处理的邮件服务主机。建立邮件交换记录的步骤如下。

STEP01 如图 7-17 所示，在快捷菜单中选择"新建邮件交换器 (MX)"命令。

STEP02 在"新建资源记录"对话框中的"主机或子域"文本框中输入"mail"，在"FQDN"文本框中输入主机记录"smtp.kiarui.cn"，在"邮件服务

器优先级"文本框中输入标识优先级的数字，默认为 10，可以从 0 ～ 65535 中进行选择，值越小，优先级越高，也就是邮件先送到优先级低的邮件服务器进行处理，如图 7-24 所示，设置完成后单击"确定"按钮。最终结果如图 7-25 所示。

图 7-24　创建邮件交换记录

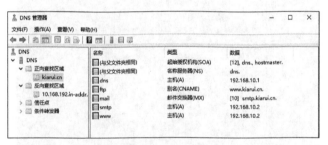

图 7-25　成功创建邮件交换记录

4. 创建其他资源记录

如果需要解析其他资源记录，如服务位置、邮箱信息、主机信息等，可以按如下步骤创建资源记录。

STEP01 在图 7-17 所示的快捷菜单中选择"其他新记录"命令。

STEP02 如图 7-26 所示，在"资源记录类型"对话框的"选择资源记录类型"列表中选择需要创建的记录类型，单击"创建记录"，之后做相应的配置即可。

四、DNS 服务器测试

DNS 服务器配置完成之后，还需要进行测试，验证 DNS 服务器配置是否成功。

1. 测试 DNS 服务是否安装成功

测试 DNS 服务是否安装成功，可以从以下三个方面进行验证。

1）如果 DNS 服务安装成功，在 %systemroot%\System32 文件夹下会自动创建一个 DNS 的文件夹，其中包含 DNS 区域数据库文件和日志文件等与 DNS 相关的文档，DNS 文件夹的结构如图 7-28 所示。

图 7-26　创建其他资源记录

5. 创建指针记录

在反向查找区域内必须有记录数据才能提供反向查询服务。在新建主机记录时，可以自动创建记录，另外也可以按如下方法创建指针记录。

STEP01 在"DNS 管理器"中展开"反向查找区域"，在需要添加记录的区域位置单击鼠标右键，在弹出的快捷菜单中选择"新建指针"命令。

STEP02 如图 7-27 所示，在"新建资源记录"对话框的"主机 IP 地址"文本框中输入 IP 地址，在"主机名"文本框中输入与 IP 地址相对应的域名，单击"确定"按钮，完成指针记录的创建。

图 7-27　完成创建指针记录

图 7-28 DNS 文件夹结构

2）DNS 服务成功安装后，会自动启动 DNS 服务。打开"服务"窗口，如图 7-29 所示，可以看到已经启动的 DNS 服务。

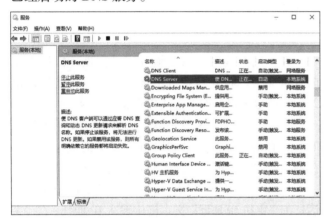

图 7-29 使用"服务"窗口查看 DNS 服务

3）在 CMD 命令窗口执行"net start"命令，该命令会列出当前系统已启动的所有服务。通过该命令，可以查看 DNS 服务是否打开，结果如图 7-30 所示。

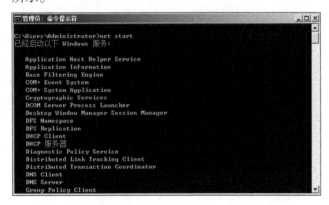

图 7-30 使用 net start 命令查看 DNS 服务是否启动

2．DNS 域名解析测试

DNS 配置完成后，对 DNS 域名解析的测试通常在客户机使用 ping、nslookup、ipconfig/displaydns 等命令时进行。

STEP01 如图 7-31 所示，将客户机 IP 地址与 DNS 服务器 IP 地址配置为同一个网络，并为客户机指定 DNS 服务器的地址。

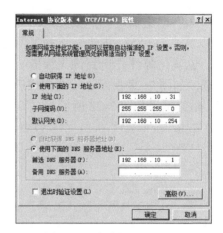

图 7-31 客户机 DNS 配置

STEP02 在客户机打开命令窗口，使用 ping 命令测试域名是否能正常解析。如图 7-32 所示，域名 dns.kiarui.cn 已正确解析为 IP 地址 192.168.10.1，而 IP 地址 192.168.10.2 反向解析为域名 www.kiarui.cn。

图 7-32 使用 ping 命令测试 DNS

STEP03 nslookup 命令是一个专门用于 DNS 测试的命令。如图 7-33 所示，在命令行窗口中，执行 nslookup dns.kiarui.cn 等命令，从返回结果可以看出 DNS 服务器能够解析各域名对应的 IP 地址。

图 7-33 使用 nslookup 命令测试 DNS

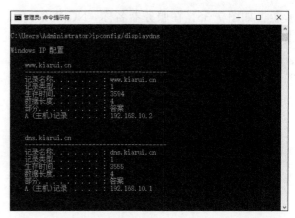

STEP04 当客户机向域名服务器请求域名解析成功后，会将域名解析的结果存储在本地缓存中，以便下次再解析相同域名时不用向域名服务器请求解析。如图 7-34 所示，执行 ipconfig/displaydns 命令，可以查看客户机已学习到的 DNS 缓存记录。

图 7-34　查看本地 DNS 缓存记录

任务 3　架设 DNS 子域与委派

DNS 委派就是一个 DNS 服务器将某些区域的解析委托给其他 DNS 服务器负责，这样当客户机向 DNS 服务器提交查询请求时，根域的 DNS 服务器会把这种请求转发给维护其子域的 DNS 服务器，有利于减轻主 DNS 服务器负担，方便管理域名，并可以加快本地客户机解析域名的响应时间。架设 DNS 委派服务器步骤如下。

一、架设子公司 DNS 服务器

与主 DNS 服务器架设方法一样，在南昌子公司架设 DNS 服务器作为子域服务器。需要注意的是注册的域名必须是上层 DNS 服务器提供的名称，因此，在子公司创建的正向查找区域是 nc.kiarui.cn 和与之对应的反向查找区域，并创建对应的资源记录，结果如图 7-35 所示。

图 7-35　创建委派 DNS 服务器配置

二、在子公司 DNS 服务器上配置转发器

当本地 DNS 无法正常解析域名请求时，DNS 服务器可以将该域名解析请求使用转发器转发给另一个已经配置好的 DNS 服务器，或对特定的区域（域名）做解析时候直接转发，而本地无须维护该区域文件。在子域服务器上配置转发器具体操作如下。

STEP 01 如图 7-35，在服务器名称"NCDNS"位置单击鼠标右键，在弹出的快捷菜单中选择"属性"命令，再在弹出的"NCDNS 属性"对话框中单击"转发器"选项卡，如图 7-36 所示。

STEP 02 单击"编辑"按钮，在弹出的"编辑转发器"对话框中输入主 DNS 服务器的 IP 地址，如图 7-37 所示，验证成功后，单击"确定"按钮，完成子域 DNS 服务器的转发器配置。

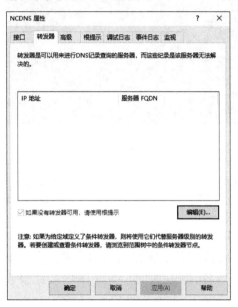

图 7-36 NCDNS 属性对话框

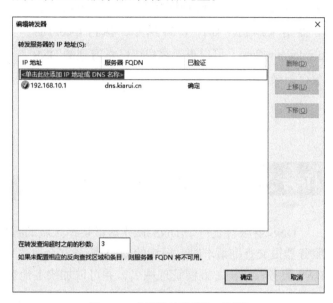

图 7-37 "编辑转发器"对话框

三、在总公司的 DNS 服务器上创建委派区域

DNS 委派就是一个 DNS服务器将某些区域的解析委托给其他的 DNS 服务器负责，有助于简化区域管理。具体操作如下。

STEP 01 如图 7-17 所示，在快捷菜单中选择"新建委派"命令，在弹出的"新建委派向导"面板中单击"下一步"按钮，如图 7-38 所示，在"受委派域名"对话框的"委派的域"文本框中输入 nc，然后单击"下一步"按钮。

STEP 02 在"名称服务器"界面中单击"添加"按钮，如图 7-39 所示，在"新建名称服务器记录"对话框中输入子域的 FQDN 和 IP 地址，系统自动验证通过后，单击"确定"按钮，并按提示完成操作，完成 DNS 子域的委派，结果如图 7-40 所示。

图 7-38 nc 子域委派

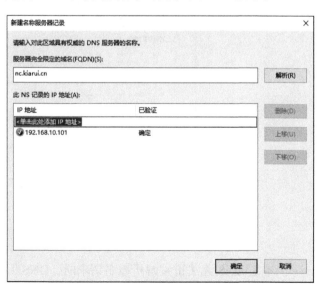

图 7-39 新建名称服务器记录

STEP03 如图 7-17 所示，在快捷菜单中选择"属性"命令，然后在弹出的"kiarui.cn 属性"对话框中选择"区域传送"选项卡，如图 7-41 所示，勾选"允许区域传送"复选框，并选择"到所有服务器"单选按钮，然后单击"确定"按钮，完成区域传送设置。

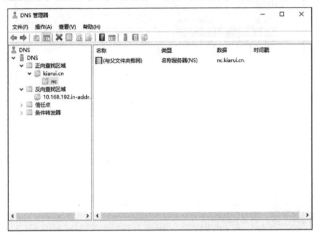

图 7-40　创建成功委派区域

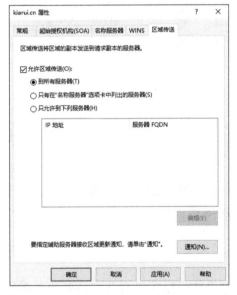

图 7-41　允许区域传送到所有 DNS 服务器

STEP04 DNS 子域服务器测试。参照上一节 DNS 服务器测试方法进行测试验证。如果使用总公司客户机进行测试验证，客户机的 TCP/IP 配置信息如图 7-42 所示，如果使用子公司客户机进行测试验证，客户机的 TCP/IP 配置信息如图 7-43 所示，这样有利于减少域名解析的响应时间，即为客户机设置 DNS 服务器的地址时，依据就近原则，首选 DNS 指向最近的 DNS 服务器；依据备份原则，备份 DNS 指向总公司的 DNS 服务器。

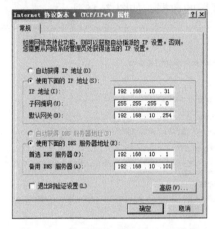

图 7-42　总公司客户机 TCP/IP 设置

图 7-43　分公司客户机 TCP/IP 设置

任务 4　架设 DNS 辅助区域

辅助服务器包含区域文件的只读副本，通过称为区域传输的通信从主服务器获取信息。当主服务器作修改时，辅助服务器也要求作相应修改。每个区域只能有一个主 DNS 服务器，但它可以有任意数量的辅助 DNS 服务器。无法在辅助服务器上更改区域的 DNS 记录，但在某些情况下，辅助服务器可以将更改请求传递到服务器。具体操作步骤如下。

STEP01 DNS 服务器默认不允许其他 DNS 服务器复制自身的 DNS 记录，因此先在长沙总公司和南昌分公司的 DNS 服务器授权广州子公司的 DNS 服务器可以复制 DNS 记录。如图 7-41 所示，设置总公司和南昌子公司 DNS 服务器区域传送。

STEP02 在广州的 DNS 服务器上创建总公司的 DNS 辅助区域。

如图 7-11 所示，选择"新建区域"命令后，在"区域类型"界面选择"辅助区域"单选按钮，如图 7-44 所示，单击"下一步"按钮，在接下来的"新区域的名称是什么？"界面的"区域名称"文本框中输入 kiarui.cn，单击"下一步"按钮，如图 7-45 所示，在"主 DNS 服务器"界面输入主 DNS 服务器的 IP 地址，验证成功后单击"下一步"按钮，完成辅助区域的创建，刷新之后，辅助 DNS 区域已成功复制了主要区域的数据，如图 7-46 所示。

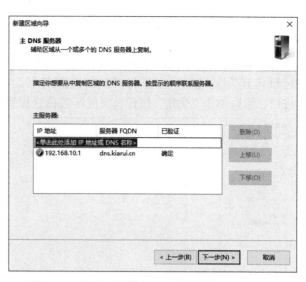

图 7-45　辅助区域的主 DNS 服务器 IP 地址配置

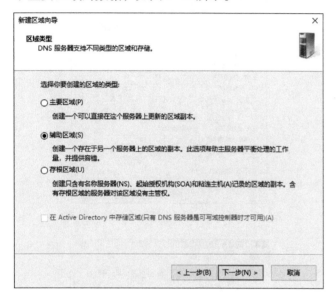

图 7-44　新建辅助区域

图 7-46　复制主要区域的数据

STEP03 按步骤 2 的方法，在广州的 DNS 服务器上创建南昌子公司的 DNS 辅助区域。最终结果如图 7-46 所示。

STEP04 参照主 DNS 服务器测试方法进行测试验证辅助 DNS 服务器。

项目小结

DNS 服务是 Internet 上必不可少的一种网络服务，提供了网络域名和 IP 地址相互映射的一个分布式数据库，使客户能够更方便地访问 Internet，而不用记住能够被计算机直接读取的 IP 地址。

本项目首先介绍了 DNS 的相关概念、DNS 的工作原理等；然后利用实际的工作场景介绍了 DNS 服务组件的安装方法，再通过主 DNS 服务器的架设，重点介绍了正、反向查找区域的创建，以及资源记录的创建；通过架设 DNS 子域和委派服务器，介绍了 DNS 转发器的实现方法；辅助 DNS 服务器是 DNS 服务器的一种容错机制，当主 DNS 服务器遇到故障不能正常工作时，辅助 DNS 服务器可以立刻承担主 DNS 服务器的工作，提供解析服务。在实际的应用中，一台 DNS 服务器可以是某区域的主服务器，也可以是另外一个区域的辅助服务器。

通常使用 ping 命令和 nslookup 命令等对 DNS 服务器配置情况进行测试和故障排查。

项目拓展

一、PowerShell 命令方式安装 DNS 服务器

在开始菜单中选择 Windows PowerShell 命令，如图 7-47 所示，在弹出的"Windows PowerShell"窗口中

执行"install-windowsfeature -name dns"安装 DNS 服务器命令，系统收集数据后，开始安装 DNS 服务器。

图 7-47　PowerShell 命令方式安装 DNS 服务器

二、PowerShell 命令方式删除 DNS 服务器

在"Windows PowerShell"窗口中执行"remove-windowsfeature -name dns"删除 DNS 服务器命令，如图 7-48 所示，删除 DNS 服务器后出现警告信息：必须重新启动服务器才能完成删除过程。

图 7-48　PowerShell 命令方式删除 DNS 服务器

三、根域名服务器

根域名服务器的作用是解析 DNS。早期 13 台 IPv4 根域名服务器中，1 个为主要服务器，放在美国，其余 12 个均为辅根服务器，其中 9 个在美国，英国、瑞典、日本各有 1 个。

2014 年 1 月 21 日 15:10 左右，我国互联网出现罕见的网络公共安全事故，大量互联网用户无法正常访问域名以 .com 和 .net 等结尾的网站，全国约 2/3 的网站 DNS 服务器解析失败，国内很多网站出现间歇性无法访问的情况。此次事件后，国内加大了对国家域名系统基础设施的投入，确保网络安全。

由中国下一代互联网工程中心领衔发起的"雪人计划"，在 2015 年 6 月底前面向全球招募 25 个根服务器运营志愿单位，共同对 IPv6 根服务器运营、域名系统安全扩展密钥签名和密钥轮转等方面进行测试验证。至 2017 年 11 月 28 日，在全球完成了 25 台 IPv6 根服务器架设，我国部署了其中的 4 台，由 1 台主根服务器和 3 台辅根服务器组成，打破了我国过去没有根服务器的困境，形成了 13 台原有根加 25 台 IPv6 根的新格局，为建立多边、民主、透明的国际互联网治理体系打下坚实基础。

练习

一、选择题

1. 将 DNS 客户机请求的 IP 地址解析为对应的完全合格的域名的过程被称为（　　　）。

　　A．正向解析　　　　　　B．反向解析　　　　　　C．递归查询　　　　　　D．迭代查询

2. 将 DNS 客户机请求的完全合格的域名解析为对应的 IP 地址的过程被称为（　　　）。

　　A．正向解析　　　　　　B．反向解析　　　　　　C．递归查询　　　　　　D．迭代查询

3．在进行域名解析过程中，由（　　　）获取的解析结果耗时最短。

    A．主 DNS 服务器   B．辅 DNS 服务器

    C．DNS 服务缓存   D．转发域名服务器

4．某 Web 服务的 URL 为 http://www.test.com，在 test.com 区域中为其添加 DNS 记录时，主机名称为（　　　）。

    A．http   B．www   C．test   D．www.test.com

5．DNS 顶级域名中表示政府机构的是（　　　）。

    A．.org   B．.edu   C．.gov   D．.com

二、简答题

1．简述 DNS 的工作流程。

2．DNS 服务器属性中的"转发器"的作用是什么？

3．DNS 服务器有哪三种区域类型？各区域类型分别有什么作用？

项目 8

Web 服务器的配置与管理

学习目标

知识目标

- 理解 Web 服务的基本概念，包括 HTTP 协议、Web 服务器、Web 浏览器和 URL 等。
- 理解 Web 服务器的工作原理，包括请求和响应的处理、Web 应用程序的运行机制等。
- 了解 Web 服务器软件 IIS 及其配置和管理方法。
- 掌握与 Web 服务器相关的安全设置，包括用户身份验证、访问控制、防火墙等。

技能目标

- 能够成功安装和配置 Web 服务器软件，并能够进行基本的配置和管理。
- 能够使用常见的工具和方法对 Web 服务器进行管理和维护。
- 能够处理常见的 Web 服务器故障和安全问题。

素养目标

- 培养高度的责任感和安全保密意识。
- 培养良好的职业素养和沟通技巧。
- 培养自主学习新技术和解决方案的能力。

项目描述

随着业务的不断扩展，KIARUI 科技有限公司准备搭建 Web 服务器并建立 Web 站点，以此对外展示公司产品、服务和企业文化，提升公司品牌形象。搭建 Web 站点还有利于扩大公司的业务范围，吸引更多的潜在客户和合作伙伴，从而拓展公司的业务渠道，也可以为客户提供更便捷、更全面的服务和支持，包括产品介绍、技术支持、售后服务等，从而增强客户的体验感和满意度。同时，搭建 Web 服务器还有利于为公司降低销售和客服成本，减少人力和物力的投入，从而提高公司的竞争力。

公司的网络管理员根据企业的实际情况，决定在 Windows Server 2019 服务器上安装 Web 服务，搭建一个稳定、安全、高性能的 Web 服务器，以此提升企业的信息化水平，优化资源配置，提升工作效率。

一、Web 服务器

1. Web 的定义

Web（World Wide Web，WWW）即全球广域网，也称为万维网或环球信息网。它是一种基于超文本和 HTTP 的、全球性的、动态交互的、跨平台的分布式图形信息系统。Web 是一种建立在 Internet 上的一种网络服务，为浏览者在 Internet 上查找和浏览信息提供了图形化的、易于访问的直观界面，其中的文档及超链接将 Internet 上的信息节点组织成一个互为关联的网状结构。Web 技术是基于客户机 / 服务器（Client/Server）方式的信息发现技术和超文本技术的综合体现。

2. Web 服务器简介

顾名思义，Web 服务器就是提供 Web 服务的计算机程序，也被称为网站服务器或 HTTP 服务器，是一种在 Internet 上驻留的计算机程序。这种程序可以处理来自 Web 客户机（如浏览器）的请求并返回相应的响应。此外，Web 服务器还可以存储网站的组成文件，包括 HTML 文档、图片、CSS 样式表和 JavaScript 文件等，使得全世界的用户都能浏览这些文件。

在浏览器中输入网址并按下回车键时，实际上是在向 Web 服务器发出一个请求。然后，Web 服务器会根据请求的内容返回相应的网页内容。例如，访问 http://www.baidu.com 时，其实就是在使用百度的 Web 服务器提供的服务。

实际上，Web 服务器一词也代指硬件、软件，或者是它们的协同工作的整体。在硬件层面，Web 服务器是一台储存了 Web 服务器软件以及网站组成文件的计算机。而在软件部分，Web 服务器包括控制网络用户如何访问托管文件的几个部分，至少包括一个 HTTP 服务器。

目前最主流的三种 Web 服务器是 Apache、Nginx 和 IIS。同时，也存在一些常见的 Web 容器，如Tomcat、Jetty 等，它们同样具备 Web 服务器的功能。

二、HTTP 协议

HTTP，全称为超文本传输协议（Hypertext Transfer Protocol），是一种用于分布式、协作式和超媒体信息系统的应用层网络数据传输协议。它是 Internet 上应用最为广泛的一种网络传输协议，所有的 WWW 文件都必须遵守这个标准。HTTP 是一个基于 TCP/IP 通信协议来传递数据（HTML 文件、图片文件、查询结果等）的请求 / 响应协议，客户机向服务器发送一个请求，服务器响应请求并返回一个结果。

HTTP 协议的主要特点包括以下几个方面：

● 无连接：每个请求都需要与服务器建立一个新的连接，请求处理完毕后立即断开连接。

● 无状态：服务器不会为每个请求保持状态，即不会记录之前请求和响应的上下文。

● 面向对象：HTTP 协议中的每个请求和响应都有一个对象（资源）作为其内容。

● 简单快速：客户机向服务器请求服务时，只需传送请求方法和路径。请求方法常用的有 GET、POST、PUT、DELETE 等。由于 HTTP 协议简单快速，使得 HTTP 的应用非常广泛。

● 灵活：HTTP 允许传输任意类型的数据，传输的类型由 Content-Type 加以标记。

● 无须长时间连接：HTTP 协议简化了网络连接，因此，当 Web 服务器发送完应答后，即断开 TCP/IP连接。使用这种方式可以节省传输时间。

● 支持缓存：HTTP 协议中的 Last-Modified/ETag，If-Modified-Since/If-None-Match 等字段用于支持协商缓存，提高网络应用的性能。

三、URL 与资源定位

1. URL

URL（Uniform Resource Locator），全称为统一资源定位符，是用于在网络上定位和访问资源的地址。URL 由协议、主机名、端口号、路径和查询参数等组成，其中协议是访问资源所使用的协议，例如 HTTP、HTTPS 等，主机名是资源的所在服务器的主机名，端口号是服务器的端口号，路径是资源在服务器上的相对路径，查询参数是可选的参数，用于传递给服务器一些额外的信息。具体格式如下：

```
scheme://host:port/path?query_string#fragment_id
```

- scheme 指定了访问资源所使用的协议类型，例如 http、https、ftp 等。
- host 是指定的服务器地址，如果是 IP 地址，则可以直接使用数字形式，也可以用域名的形式。
- port 是服务器的端口号，默认情况下 http 协议使用 80 端口，https 协议使用 443 端口。
- path 是指定的服务器上的资源路径。
- query_string 是指定的查询字符串，如果有的话，通常是在 GET 请求中传递参数的一种方式。
- fragment_id 是指定的片段标识符，用于指定文档内部的一个特定位置。

例如以下 URL：

```
http://www.kiarui.com:8080/index.html?id=123#section1
```

这个 URL 的各个部分含义如下：

- scheme 是 http。
- host 是 www.kiarui.com。
- port 是 8080。
- path 是 /index.html。
- query_string 是 id=123。
- fragment_id 是 section1。

URL 是 Web 浏览器和 Web 服务器之间通信的基础，Web 浏览器使用 URL 来向 Web 服务器发送请求，以获取或更新资源。URL 的使用使得资源的位置和访问方式变得透明和可配置，用户只需要记住资源的 URL 即可访问资源。

2. 资源定位

资源定位是指通过 URL 或其他方式确定和访问网络上的资源。资源定位可以通过相对路径、绝对路径和查询参数等方式来实现。相对路径是指相对于当前页面的路径，绝对路径是指完整的资源路径，查询参数是指附加在 URL 后面的参数，用于向服务器传递一些额外的信息。

例如，假设有一个网站的结构如下：

- 根目录：http://www.kiarui.com。
- 图片资源：http://www.kiarui.com/images/logo.jpg。
- 文章页面：http://www.kiarui.com/pages/article.html。

如果一个用户想要访问文章页面，并且希望在页面中包含图片资源，那么可以通过以下方式进行资源定位：

- 使用绝对路径：http://www.kiarui.com/pages/article.html 和 www.kiarui.com/images/logo.jpg。这种方式可以明确地指定资源的存储位置，但需要注意保持 URL 的完整性和可维护性。
- 使用相对路径：../images/logo.jpg 和 ../pages/article.html。这种方式可以根据当前页面的路径来确定其他资源的路径，但需要注意相对路径的准确性和可移植性。

四、Web 服务的工作原理

Web 服务的工作过程是基于 TCP 协议的，通过建立 TCP 连接来传输 HTTP 协议的数据包。HTTP 协议是一种基于文本的协议，用于传输超文本（如 HTML）和其他资源。在传输过程中，HTTP 协议使用 TCP 连接进行可靠传输，确保数据的完整性和顺序性。同时，Web 服务还提供了安全保障措施，如防火墙、访问控制、加密通信等，以确保网站的数据和用户的信息安全。Web 服务器的具体工作过程如图 8-1 所示。

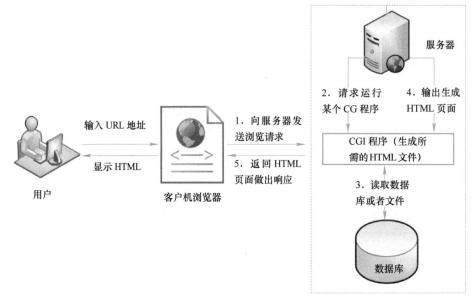

图 8-1　Web 服务器的工作过程

1. 客户机发送请求

客户机（通常是 Web 浏览器）通过 HTTP 协议向 Web 服务器发送请求。请求的内容可以是获取网页信息、上传文件、发送邮件等。

2. Web 服务器接收请求

Web 服务器接收到来自客户机的请求后，会根据请求的内容进行处理。Web 服务器通常由操作系统、Web 服务器软件和应用程序组成，因此可以处理 HTTP 协议的数据包，并根据请求的内容进行相应的处理。

3. Web 服务器处理请求

Web 服务器根据请求的内容进行相应的处理。如果是获取网页信息，Web 服务器会将网页的 HTML 代码返回给浏览器；如果是上传文件，Web 服务器会接收文件并存储在指定的位置；如果是发送邮件，Web 服务器会将邮件内容发送到指定的邮箱。

4. Web 服务器返回响应

Web 服务器将处理结果以 HTML 格式返回给浏览器。响应的内容可以是网页的 HTML 代码、上传文件的确认信息、发送邮件的回执等。

5. 客户机接收响应

客户机接收到来自 Web 服务器的响应后，会将其呈现给用户。如果是网页的 HTML 代码，浏览器会将其解析成网页形式呈现给用户；如果是上传文件的确认信息，客户机会将其显示给用户；如果是发送邮件的回执，客户机会将回执信息呈现给用户。

6. 断开连接

当上一个过程完成后，Web 服务器和客户机之间断开连接。如果用户已经浏览完毕或者一段时间内没有请求，服务器会自动关闭连接。

五、Internet 信息服务管理器

IIS（Internet Information Services，互联网信息服务）是一款由微软公司开发的 Web 服务器应用程序，它提供了一个可靠、高效和安全的 Web 服务器环境，可用于托管 ASP.NET、PHP、静态 HTML 网站等各种 Web 应用程序。IIS 作为 Windows 操作系统的一部分，可以很容易地安装和配置，并支持多种 Web 开发技术，如 ASP.NET、PHP、CGI 等，可以满足不同的 Web 应用场景。

1. Web 服务

IIS 可以发布网站，并支持 ASP（Active Server Pages）、Java、VBScript 等技术产生动态页面。它还支持多种 Web 开发技术，如 FrontPage、Index Server、Net Show 等。

2. FTP 服务

FTP（File Transfer Protocol）是一种用于在网络上进行文件传输的标准协议。IIS 可以作为 FTP 服务器，方便用户通过 FTP 协议上传和下载文件。

3. SMTP 服务

SMTP（Simple Mail Transfer Protocol）是一种用于发送电子邮件的标准协议。IIS 可以作为 SMTP 服务器，用户可以通过 SMTP 协议发送电子邮件。

4. NNTP 服务

NNTP（Network News Transfer Protocol）是一种用于阅读和发布新闻组消息的标准协议。IIS 可以作为 NNTP 服务器，用户可以通过 NNTP 协议阅读和发布新闻组消息。

六、Web 中的虚拟目录和虚拟主机技术

1. 虚拟目录

虚拟目录（Virtual Directory）是 Web 中的一种技术，它允许在一个目录中包含另一个目录的链接。它的主要作用是为 Web 应用程序提供统一的 URL 入口，这意味着用户可以通过单一的 URL 地址访问到 Web 应用程序的不同部分，而无须在 URL 中指定完整的路径。在配置虚拟目录时，需要指定一个别名（alias），将访问请求中的特定路径映射到实际的文件路径。当访问请求到达时，Web 服务器会根据请求的路径查找对应的文件，并返回相应的内容。

虚拟目录对于网站的维护和管理非常方便。通过虚拟目录，可以将文件放在不同的目录中，但在访问时只需要指定虚拟目录的别名即可。这样可以简化文件结构，方便维护和管理。

2. 虚拟主机技术

Web 虚拟主机是一种在同一台服务器上运行多个独立网站的互联网技术。它通过虚拟化技术，将多个网站映射到同一个物理服务器上，实现多个网站的独立运行和管理。

Web 虚拟主机的实现方式有多种，包括基于 IP 地址的虚拟主机、基于端口的虚拟主机和基于域名的虚拟主机等。其中，基于域名的虚拟主机是最常用的一种方式，它通过 DNS 解析将不同的域名解析到同一台服务器上的不同网站。

在基于域名的虚拟主机配置中，需要设置多个域名解析记录，将不同的域名解析到同一台服务器上的不同网站。同时，在 Web 服务器的配置文件中，需要指定每个网站的根目录和默认的首页文件，以便正确地返回相应的网页内容。

Web 虚拟主机具有以下优点：
- 节约成本：使用虚拟主机技术可以充分利用服务器的硬件资源，降低网站构建及运行成本。
- 维护方便：多个网站共享一台服务器的硬件资源，维护和管理工作量相对较小。

● 可扩展性：随着业务量的增长，可以通过增加虚拟主机数量或升级服务器配置来满足需求。

● 安全性：虚拟主机技术可以提供一定的安全性，因为多个网站之间相对隔离，不易受到其他网站的攻击和干扰。

项目实施

KIARUI 科技有限公司的网络管理员为了搭建一个稳定、安全、高性能的 Web 服务器，以此提升企业的信息化水平，优化资源配置，提升工作效率，制订一份 Web 服务器的部署方案。

1. 搭建 Web 服务器的目标

1）安装和配置高效的 Web 服务器，提高网站的响应速度和服务质量。

2）保障 Web 服务器的安全性和稳定性，防止黑客攻击和数据泄露。

3）优化 Web 服务器的性能，提高网站的运行效率。

4）维护和监控 Web 服务器，保证网站的可用性和可靠性。

2. 部署步骤

1）安装 Web 服务器。

2）配置 IIS，包括设置网站的物理路径、绑定域名、配置 SSL 证书等。

3. 公司网站规划（见表 8-1）

表 8-1　KIARUI 公司网站规划表

服务器名称	公司站点	主机名称	主机地址	网关	DNS
Web	公司主页	www.kiarui.cn	192.168.10.9/24	192.168.10.1	192.168.10.2
	新闻资讯	news.kiarui.cn	192.168.10.201/24		
	产品中心	cpzx.kiarui.cn	192.168.10.202/24		
	技术部	www.kiarui.cn/tech（虚拟目录）			
	销售部	www.kiarui.cn/sales（虚拟目录）			

4. 部署 Web 服务器网络拓扑图（见图 8-2）

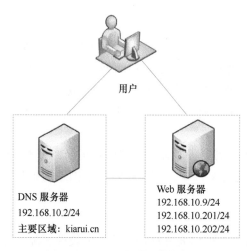

图 8-2　Web 服务器网络拓扑图

安装 Web 服务器（IIS）

在 Windows Server 2019 操作系统上安装 IIS 组件，这是搭建 Web 服务器的第一步。只有安装了 IIS，才能在其上部署网站或应用程序。在本项目中以搭建 KIARUI 科技有限公司主站点为例介绍 Web 服务器的配置与管理方法。

一、安装 IIS 组件

STEP01 在"服务器管理器"界面，依次选择"仪表板"→"快速启动"→"添加角色和功能"，打开"添加角色和功能向导"面板，在"开始之前"界面、"选择安装类型"界面、"选择目标服务器"界面中均使用默认设置，并单击"下一步"按钮。

STEP02 如图 8-3 所示，在"选择服务器角色"界面中，勾选"Web 服务器（IIS）"选项，并在弹出的"添加 DNS 服务器所需的功能？"界面中单击"添加功能"，返回"选择服务器角色"界面后单击"下一步"按钮。

图 8-3　安装 Web 服务器（IIS）

STEP03 在接下来的"选择功能"界面、"Web 服务器角色（IIS）界面"中使用默认设置并单击"下一步"按钮。

STEP04 如图 8-4 所示，在"选择角色服务"界面中显示了 Web 服务器安装的详细信息，根据 Web 服务器的具体规划确认要安装的信息，如需要使用"IP 和域限制"功能，则勾选该项目前的复选框，然后单击"下一步"按钮。

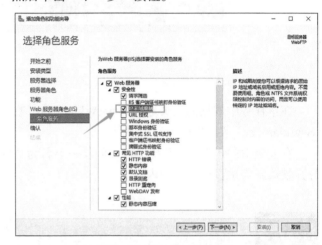

图 8-4　选择 Web 服务角色

STEP05 在"确认安装所选内容"界面中确认安装的内容是否正确，然后单击"安装"按钮，待 Web 服务器安装完成后单击"关闭"按钮。

二、测试 IIS 组件安装是否成功

1. 利用本地回送地址测试

打开本地服务器上的浏览器，并在浏览器地址栏中输入"http://127.0.0.1"或"http://localhost"测试网站，如出现如图 8-5 所示界面，表示 IIS 组件安装成功。

2. 利用本地计算机名称测试

在本任务中，Web 服务器的计算机名称为"webftp"，在本地浏览器的地址栏中输入"http://WebFTP"测试网站。

3. 利用 IP 地址测试

在本任务中，Web 服务器的 IP 地址为 192.168.10.9，在本地浏览器或客户机浏览器的地址栏中输入"http://192.168.10.9"测试网站。

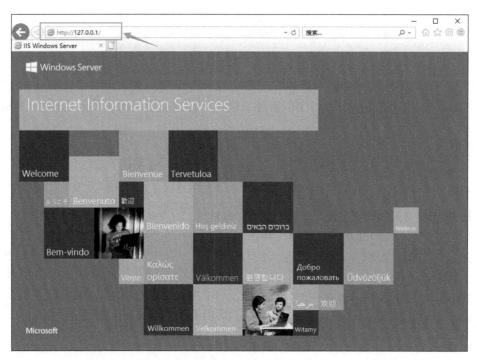

图 8-5　测试站点

4. 使用 DNS 域名测试

在本任务中规划的主页地址为 www.kiarui.cn，在本地浏览器或客户机浏览器的地址栏中输入网址"http://www.kiarui.cn"测试网站。

在安装 IIS 组件时，系统会自动创建一个名为"Default Web Site"的默认 Web 站点。以上测试结果均为打开默认站点主页后显示的内容。

任务 2　使用默认 Web 站点发布网站

默认情况下，Web 站点会自动绑定计算机中的所有 IP 地址，端口默认为 80。如果一台计算机有多个 IP 地址，那么客户机可以通过任何一个 IP 地址都可以访问该站点。一般情况下，一个站点只能对应一个 IP 地址，因此，需要为 Web 站点指定唯一的 IP 地址和端口。

STEP01 为 KIARUI 科技有限公司准备网站站点资源，并将资源复制到默认站点主目录中，将站点主页文件的名称改为 index.htm，如图 8-6 所示。

图 8-6　设置站点主页文件

主目录即网站的根目录，用来保存 Web 网站的相关资源，默认的 Web 主目录为 "%SystemDriver%:\Inetpub\wwwroot"，如果 Windows Server 2019 安装在 C 盘，则路径为 "C:\Inetpub\wwwroot"。

客户机在访问网站时，IIS 默认按以下顺序调用主页文件：Default.htm、Default.asp、index.htm、index.html、iisstart.htm，即站点主目录中如果有 Default.htm，则 IIS 会打开 Default.htm 文件，否则打开 Default.asp 文件，依此类推。

STEP02 在 "服务器管理器" 面板的 "工具" 菜单中选择 "Internet Information Services（IIS）管理器" 命令，打开 "Internet Information Services（IIS）管理器"，在管理器的左侧展开节点树后，可以看到默认网站 "Default Web Site"，如图 8-7 所示，单击该站点后，可以利用中间 "Default Web Site 主页" 功能视图中的工具对主页进行相关的操作，在右侧的 "操作" 栏中可以对 Web 站点进行相关的操作。

STEP03 单击 "操作" 栏中的 "绑定"，打开 "网站绑定" 对话框，如图 8-8 所示，可以看到 IP 地址下方有一个 "*" 号，说明默认站点绑定了本机的所有 IP 地址。

图 8-7　站点管理界面

图 8-8　网站绑定

STEP04 在 "http" 这一行单击鼠标后，再单击 "编辑" 按钮，打开 "编辑网站绑定" 对话框，如图 8-9 所示，在 "IP 地址" 栏中可以选择要绑定的 IP 地址，如 192.168.10.9，这样就只能通过选定的 IP 地址或指向该 IP 地址的主机记录访问该网站。

STEP05 绑定了 IP 地址后，还可以修改端口号，如把默认的端口号 "80" 改为 "8080"，则在访问网站时需加上端口号，如图 8-10 所示。

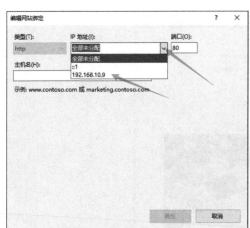

图 8-9　编辑网站绑定

图 8-10　使用端口号访问站点

👤 **小提示**

通过将敏感服务的端口号修改为非标准端口号，可以提高网络安全性，减少被攻击的风险。此外，修改端口号可以帮助隐藏网络服务，使其更难以被发现和攻击。但有些网络服务可能依赖于特定的端口，修改后可能会导致服务无法正常工作。因此，修改端口号时要仔细考虑和测试，确保不会对网络服务造成负面影响。

STEP06 如图 8-7 所示，单击"操作"栏下的"基本设置"，打开"编辑网站"对话框，如图 8-11 所示，单击"物理路径"右侧的按钮，可以更改站点的主目录，即将默认主目录更改为其他物理路径的目录。

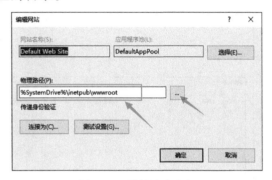

图 8-11　默认站点路径

👤 **小提示**

不使用默认主目录作为站点主目录，有利于减少黑客的攻击，保证系统的稳定性和可靠性。在搭建 Web 站点时，一般停用"Default Web Site"站点，新建站点时也选择其他文件夹作为站点主目录。

STEP07 在"Default Web Site 主页"下方的"默认文档"上单击鼠标右键，在弹出的快捷菜单中选择"打开功能"命令，打开"默认文档"界面，如图 8-12 所示，选择其中的一个默认文档，如"index.htm"，再通过"操作"下方"上移、下移"按钮，可以改变默认文档的调用顺序。

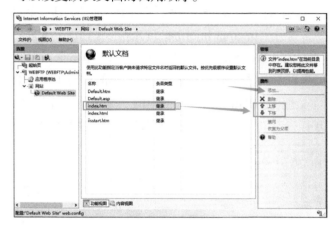

图 8-12　更改默认主页调用顺序

STEP08 如图 8-12 所示，单击"添加"按钮，在弹出的"添加默认文档"对话框中输入新的主页文件名，如图 8-13 所示，可以将默认网页文件修改为自定义网页文件。

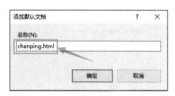

图 8-13　添加新默认主页

STEP09 重新访问该站点，网页显示的主页文件内容为新设置的主页文件内容，如图 8-14 所示。

图 8-14　访问站点

架设新 Web 站点

停止使用默认 Web 站点而重新建立新的 Web 站点有利于提升网站的安全性。如果有需要，也可以在一个服务器上建立多个 Web 站点，这样可以节约硬件资源、节省空间、降低能源成本。

STEP01 在 IIS 管理器中，如图 8-15 所示，单击默认站点 "Default Web Site"，再管理器右侧 "管理网站" 中的 "停止" 命令，将默认站点停止运行。

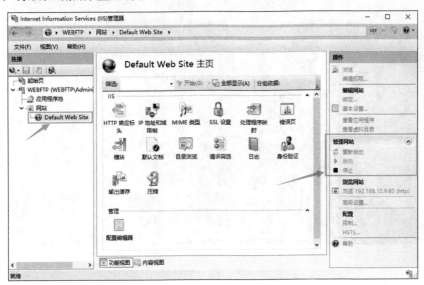

图 8-15　停止默认站点

STEP02 将准备好的站点资源放到规划的文件夹中，如 "D:\KIARUI_Web"，并确定主页文件名，如设置主页文件名为 index.htm。

STEP03 单击管理器左侧的 "网站"，再单击右侧 "操作" 下的 "添加网站"，打开 "添加网站" 对话框，如图 8-16 所示。在该对话框中可以设置网站名称、应用程序池、物理路径、传递身份验证、网站类型、IP 地址、端口号、主机名以及是否启动网站等。

STEP04 将各项内容设置好后单击 "确定" 按钮，成功添加 KIARUI_Web 站点，如图 8-17 所示。

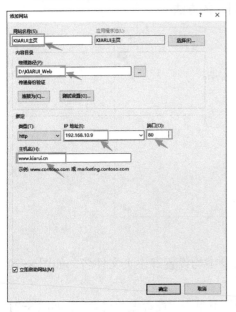

图 8-16　添加网站　　　　　　　　　　　　　　图 8-17　成功创建新站点

STEP05 如果主页文件名不是站点默认的 5 个文件名之一，则按任务 2 的步骤 7 添加自定义默认文档。

STEP06 测试新 Web 站点，在绑定了主机名后，在客户机只能使用该主机名访问网站，不能使用绑定的 IP 地址访问网站，如图 8-18 所示。

图 8-18　访问新站点

任务 4　创建 Web 虚拟目录

随着公司业务的扩大，公司网站的内容越来越多，KIARUI 科技有限公司的网络管理员将网页及相关文件按部门进行分类，分别放在 website 主目录的对应子目录下，如图 8-19 所示。这些子目录用作站点虚拟目录，其作用一是方便管理员管理网站，二是用户不知道文件在服务器中的具体位置，因此无法修改文件，从而提高安全性。下面以添加技术部和销售部的虚拟目录介绍创建虚拟目录的方法。

图 8-19　设置虚拟主机物理目录

STEP01 将技术部和销售部的网页内容复制到对应目录下，在各目录中均设置好主页文件名，如图 8-20 所示。

STEP02 在 IIS 管理器的左侧单击 KIARUI_Web 站点，在右侧"操作"下单击"查看虚拟目录"，如图 8-21 所示，打开"虚拟目录"功能视图。

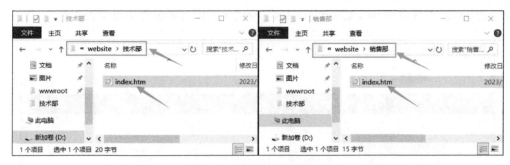

图 8-20　设置虚拟主机主页

图 8-21　查看虚拟目录

STEP03 在"虚拟目录"功能视图界面的右侧单击"添加虚拟目录",打开"添加虚拟目录"对话框,如图 8-22 所示,在该对话框中设置好技术部的虚拟目录的别名、物理路径后,单击"确定"按钮。

STEP04 重复步骤 3 设置销售部的虚拟目录,结果如图 8-23 所示。

图 8-22　添加虚拟目录

图 8-23　成功添加虚拟目录

STEP05 在客户机浏览器中输入"http://www.kiarui.cn/tech"测试访问技术部虚拟主机是否正常，如图 8-24 所示。按同样的方法使用"http://www.kiarui.cn/sales"测试访问销售部虚拟主机是否正常。

图 8-24　使用别名访问虚拟主机站点

任务 5　架设多个 Web 站点

在同一台 IIS 服务器上部署多个网站时，可以使用不同的 IP 地址、端口号、域名等不同的标识方式，用来接收来自客户机的请求。

一、使用多个 IP 地址创建多个 Web 站点

STEP01 参照项目 1 的任务 3，打开 Ethernet0 的"Internet 协议版本 4（TCP/IPv4）属性"对话框，如图 8-25 所示，单击"高级"按钮，打开"高级 TCP/IP 设置"对话框，如图 8-26 所示，在该对话框中单击"添加"按钮，分别将 192.168.10.201 和 192.168.10.202 添加到"IP 地址"列表中。

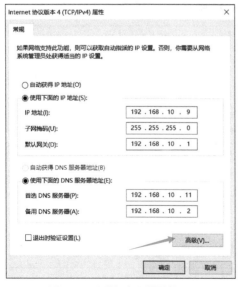

图 8-25　网络适配器属性

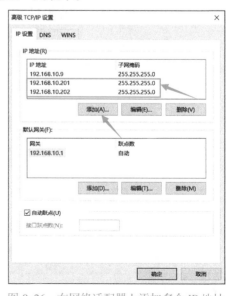

图 8-26　在网络适配器上添加多个 IP 地址

STEP02 参考本项目任务 3 建立两个网站，在添加网站时使用不同的 IP 地址，不绑定主机名，为 KIARUI 科技有限公司建立"产品中心"和"新闻资讯"别建立两个站点，结果如图 8-27 所示。

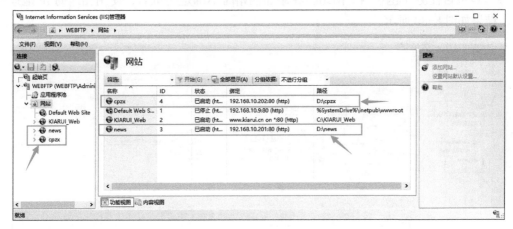

图 8-27 使用不同 IP 地址发布多站点

STEP03 测试产品中心网站。在客户机浏览器中使用 IP 地址及 IP 地址对应的域名访问网站，结果如图 8-28 所示。

图 8-28 使用 IP 地址访问站点

STEP04 测试新闻资讯网站。在客户机浏览器中使用 IP 地址及 IP 地址对应的域名访问网站，结果如图 8-29 所示。

图 8-29 使用域名访问站点

二、使用同一个 IP 地址创建多个站点

STEP01 参考本项目任务 3 建立两个网站，在添加网站时不绑定主机名，使用相同的 IP 地址，但使用不同的端口号，结果如图 8-30 所示。

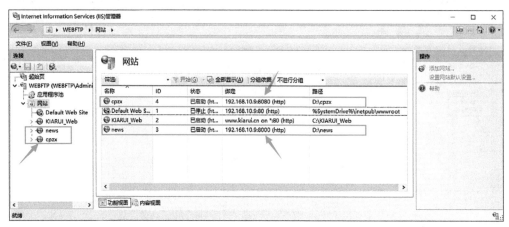

图 8-30　使用不同端口号发布多站点

STEP02 测试两个网站，可以发现只能使用 IP 地址及对应的端口号才能正常访问需要访问的网站。

三、使用不同的主机名创建多个站点

STEP01 在 DNS 服务器上注册规划的主机记录，这些主机记录对应的 IP 地址是否相同，不影响站点的建立。在本任务中注册的主机记录对应的 IP 地址不相同，如图 8-31 所示。

图 8-31　配置主机记录

STEP02 参考本项目任务 3 建立两个网站，在添加网站时绑定主机名，并绑定与该域名对应的 IP 地址（也可以不绑定 IP 地址），结果如图 8-32 所示。

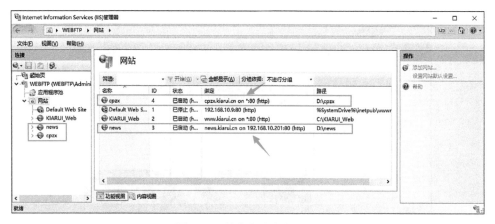

图 8-32　站点绑定主机记录

STEP03 测试两个网站，可以发现只能使用绑定的域名访问站点，不能使用 IP 地址访问站点。

项目小结

Web 服务器也叫网站服务器，是一种在接收到上网请求时才响应的程序，实现了浏览器和服务器之间的互动。本项目主要介绍了 Web 服务器的配置和管理，主要内容包括 Web 服务器的概念和作用及工作原理、HTTP 协议、URL 与资源定位、网页和主页、虚拟主机、虚拟目录等。另外，本项目通过任务的方式介绍了在 Windows Server 2019 操作系统中安装 Web 服务、搭建 Web 站点、管理站点目录、虚拟目录及虚拟主机技术。这些知识和技能对于构建和维护 Web 应用程序非常重要，无论是在企业环境中还是个人开发中都有很大的应用价值。

项目拓展

一、钓鱼网站

钓鱼网站是一种网络欺诈行为，通常是通过伪装成正规机构或个人的电子邮件、短信、电话等手段来诱骗受害者单击恶意链接、下载恶意附件或者泄露个人信息。这些恶意链接往往模仿正规的网站，例如银行、支付平台、社交媒体等，使得用户难以辨别真伪。

钓鱼网站的目的是获取用户的个人信息和敏感信息，例如银行卡号、密码、身份证号码等，从而进行盗窃、诈骗等活动。因此，应该提高警惕，不要轻易相信来自陌生人的邀请，尤其是在没有确认对方身份的情况下。

二、Web 网站的安全管理

Web 网站的安全管理对于保护网站和用户数据的安全、保障业务连续性、遵守法规要求、提高信誉和用户信任、预防数据泄露和保护隐私以及优化网站性能和用户体验都具有重要的作用。

● 防止恶意攻击：Web 网站面临来自各种安全威胁，如黑客攻击、病毒、木马等。通过安全管理，可以及时发现并修复漏洞，防止恶意攻击者获取系统权限，保护网站和用户数据的安全。

● 保障业务连续性：安全管理有助于确保 Web 网站的可用性和稳定性，避免因安全事件导致的业务中断。通过预防和应对措施，可以减少网站遭受攻击的可能性，保障业务的连续性。

● 遵守法规要求：许多业务领域都有严格的法规要求，要求企业确保客户、用户和自身数据的安全性。通过安全管理，可以遵守相关法规，避免因违规行为导致的罚款、诉讼等风险。

● 提高信誉和用户信任：安全的 Web 网站会提高企业的信誉度和用户信任度，有利于企业的市场拓展和品牌建设。用户对安全的网站更愿意提供个人信息或进行交易活动。

● 预防数据泄露和保护隐私：通过安全管理，可以加强对用户数据的保护，防止数据泄露和侵犯用户隐私。这有助于维护企业的声誉和用户的信任，同时遵守相关法规要求。

● 优化网站性能和用户体验：安全管理有助于优化网站性能和用户体验。通过修复漏洞和优化安全配置，可以提高网站的响应速度和稳定性，提升用户体验，同时减少网站维护的成本和精力。

三、Windows Server 2019 中 Web 站点安全管理

在 Windows Server 2019 中搭建 Web 服务器时，要实现 Web 网站的安全管理，如进行 IP 地址和域限制、进行身份验证等则需要添加对应的 Web 服务，如图 8-33 所示。

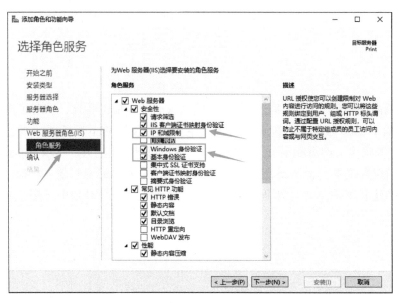

图 8-33 添加 Web 服务器角色服务

如果是对服务器上所有的 Web 站点进行 Windows 身份验证、IP 地址和域限制，可以在 IIS 管理器的左侧选中服务器根节点，然后在根节点的功能视图中设置对应的安全项目，如图 8-34 所示。如果只是针对某个网站进行设置，则只需在 IIS 管理器的左侧选中对应的站点再进行设置。

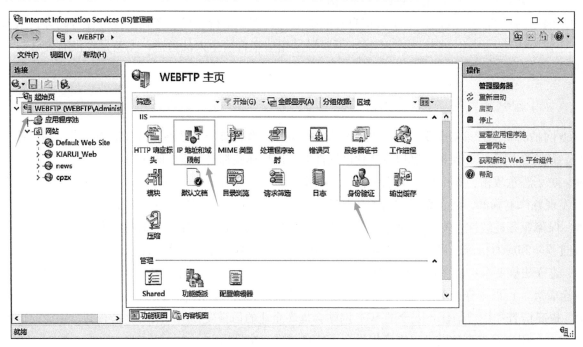

图 8-34 IIS 管理器

1. Windows 身份验证

一般情况下，访问网站时都是匿名的，客户机请求时不需要使用用户和密码，只有这样才可以使用所有用户都能访问该网站。但对访问有特殊要求或者安全性要求比较高的网站，则需对用户进行身份验证。

STEP01 打开"身份验证"功能，如图 8-35 所示，禁用"匿名身份验证"，启用"Windows 身份验证"，并单击右侧"操作"下的"高级设置"，在弹出来的"高级设置"对话框中将"扩展保护"改为"必需"。

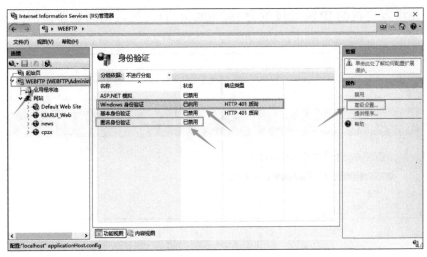

图 8-35　设置身份验证

STEP02 在客户机的浏览器中访问网站，结果如图 8-36 所示，只有在"Windows 安全中心"对话框中输入用户名和密码才能访问网站。

图 8-36　使用用户名和密码访问站点

2. IP 地址和域限制

打开"IP 地址和域限制"功能，单击管理器右侧"操作"下的"添加允许条目"或"添加拒绝条目"，如限制 IP 地址为 192.168.10.111 的客户机访问网站，则单击"添加拒绝条目"，在弹出的"添加拒绝限制规则"对话框中选择"特定 IP 地址"单选按钮并在文本框中输入 IP 地址 192.168.10.111 后单击"确定"按钮，结果如图 8-37 所示。

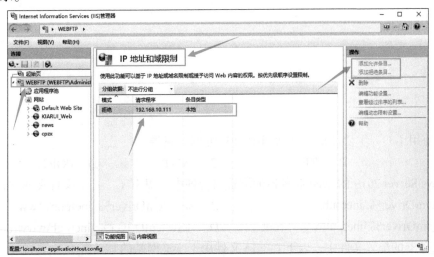

图 8-37　设置 IP 地址和域限制

登录客户机，并将客户机的 IP 地址设置为 192.168.10.111，然后用浏览器访问网站，结果如图 8-38 所示。

图 8-38　拒绝访问站点

3. 限制带宽使用和限制连接数

限制带宽使用和限制连接数可以有效地防止网络拥塞，保证网络稳定性，能有效防止恶意攻击并保护用户隐私。

如图 8-39 所示，在 IIS 管理器的左侧选中要设置的网站，并单击右侧"配置"下的"限制"，在弹出的"编辑网站限制"对话框中可以设置限制带宽、连接超时、连接数，如图 8-40 所示。

图 8-39　打开编辑网站限制

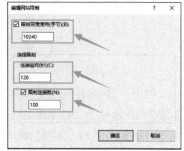

图 8-40　编辑网站限制

练习

一、选择题

1. 用户主要使用（　　　）协议访问互联网中的 Web 网站资源。

    A．HTTP　　　　　　　　B．FTP　　　　　　　　C．SMTP　　　　　　　　D．POP3

2. 在 Windows Server 2019 的 Web 服务器的配置与管理中，以下（　　　）文件夹通常包含网页文件。

    A．%SystemDriver%:\inetpub　　　　　　　　　　B．%SystemDriver%:\inetpub\www

    C．%SystemDriver%:\inetpub\www_root　　　　　D．%SystemDriver%:\inetpub\wwwroot

3. 在 Web 服务器的配置文件中，以下（　　　）文件用于定义网站的默认首页。

    A．httpd.conf　　　　　B．apache2.conf　　　　　C．server.conf　　　　　D．index.html

4．在 Windows Server 操作系统中，哪个组件可以用来提供 Web 服务？

　　A．IIS（Internet Information Services）

　　B．DNS（Domain Name System）

　　C．DHCP（Dynamic Host Configuration Protocol）

　　D．FTP（File Transfer Protocol）

5．在 IIS 中，可以使用哪个工具进行网站的安全配置？

　　A．Internet Control Panel　　　　　　B．Microsoft Management Console (MMC)

　　C．Windows Firewall　　　　　　　　D．IIS Manager

二、填空题

1．_____是指能够提供 Web 服务的计算机系统。

2．Web 服务器的主要功能是响应客户机的请求，并提供相应的_____或资源。

3．在 IIS 中，网站的默认文档是_____、_____、_____、_____、_____。

三、简答题

1．什么是 Web 服务器？它的主要功能是什么？

2．简述如何配置 Web 服务器的虚拟主机。

项目 9

FTP 服务器的配置与管理

学习目标

知识目标

- ○ 了解 FTP 服务器的概念和用途。
- ○ 了解 FTP 服务器的工作原理与特点。
- ○ 掌握虚拟目录的创建方法。
- ○ 熟悉 FTP 服务器的常用功能和设置选项。
- ○ 掌握如何配置和管理 FTP 服务器。

技能目标

- ○ 能够安装和配置 FTP 服务器。
- ○ 能够设置 FTP 服务器的用户权限和目录访问权限。
- ○ 能够建立多个 FTP 站点。
- ○ 能够解决 FTP 配置中出现的问题。

素养目标

- ○ 培养学生的安全意识和信息安全管理能力。
- ○ 培养学生的实际操作能力和问题解决能力。
- ○ 培养学生的团队合作精神和沟通能力。

项目描述

随着 KIARUI 科技有限公司的发展，公司内部员工之间的文件共享和远程上传、下载文件成为重要需求。为了满足这些需求，公司决定搭建一个 FTP 服务器。FTP 服务器是一种用于存储和共享文件的网络服务器，它可以让用户通过互联网连接并上传、下载和管理文件。搭建 FTP 服务器需要一定的技术能力，包括服务器的配置、安全设置、用户管理等。

公司的网络管理员根据实际情况，决定在 Windows Server 2019 服务器上安装 FTP 服务，搭建一个稳定、安全、高性能的 FTP 服务器，以此提升企业的信息化水平，优化资源配置，提升工作效率。

一、FTP 服务器简介

FTP 服务器是一种用于文件传输的服务器，它使用 FTP（File Transfer Protocol，文件传输协议）来进行文件传输。FTP 是一种基于 TCP 协议的协议，它可以在互联网上实现文件的上传和下载。FTP 服务器通常由服务器端软件和客户机软件组成，服务器端软件用于接收和存储文件，客户机软件用于上传和下载文件。

FTP 服务器在互联网中扮演着重要的角色，它为企业、组织和个人提供了方便、安全、高效的文件传输方式。FTP 服务器广泛应用于文件共享、数据备份、远程管理、软件分发等领域。它具有以下优点：

● 具有较高的可靠性，能够保证文件传输的稳定性和完整性。它支持断点续传和错误重试等功能，可以在网络不稳定的情况下提高文件传输的成功率。

● 支持多种安全机制，如用户认证、访问控制、加密传输等。这些安全机制可以有效地保护文件的安全性和隐私性。

● 具有很高的灵活性，支持多种文件传输方式，如主动模式、被动模式、双模式等。这些模式可以根据网络环境和需求进行灵活选择和配置。

● 具有良好的可扩展性，可以支持多个并发连接和大量文件的传输。它可以通过集群和负载均衡等技术提高性能和容量，以满足大规模的文件传输需求。

二、FTP 服务器的基本功能

1. 文件传输

FTP 服务器最基本的功能是实现文件的传输。用户可以通过 FTP 协议连接到 FTP 服务器，上传或下载文件。文件传输可以是单向的，也可以是双向的。单向传输是指用户只能从服务器下载文件或上传文件到服务器，而双向传输则是指用户可以在服务器之间进行文件传输。

2. 用户认证和权限控制

FTP 服务器通常需要进行用户认证，以确保只有授权的用户可以访问服务器上的文件。用户认证方式可以包括用户名和密码认证、数字证书认证等。同时，FTP 服务器还提供了权限控制功能，不同用户可以拥有不同的权限，如读取、写入、删除等。这样可以实现对文件的安全性保护，确保只有授权用户可以访问特定的文件。

3. 目录操作

FTP 服务器提供了对本地计算机和远程计算机的目录操作功能。用户可以在本地计算机或远程计算机上建立或删除目录，改变当前工作目录，打印目录和文件的列表等。这些功能可以帮助用户更好地管理文件和目录结构。

4. 文件管理

FTP 服务器可以对文件进行各种操作，如改名、删除、显示文件内容等。这些功能可以帮助用户更好地管理服务器上的文件，以便实现对文件的备份、存储和管理。

5. 数据安全

FTP 服务器还提供了数据安全功能，如加密传输、数据完整性校验等。加密传输可以确保文件在传输过程中不会被窃取或篡改。数据完整性校验可以确保接收到的文件与发送的文件完全一致，如果出现不一致，则可以要求重新传输文件。

6. 日志记录和监控

FTP 服务器提供了日志记录功能，可以记录用户登录信息、文件传输信息等。这些日志可以帮助管理员进行故障排查和安全审计。同时，FTP 服务器还提供了监控功能，可以实时监控服务器的运行状态和网络流量等。这些功能可以帮助管理员及时发现和处理问题，确保服务器的稳定性。

7. 支持多种协议和操作系统

FTP 服务器支持多种协议和操作系统，如 FTP、SFTP、SCP 等协议，以及 Windows、Linux、Unix 等操作系统。这使得用户可以根据自己的需求选择合适的协议和操作系统来进行文件传输。同时，FTP 服务器还可以支持多语言，方便不同地区和不同语言用户的使用。

8. 数据存储和管理

FTP 服务器可以用于数据备份和存储，将重要的文件上传到 FTP 服务器上进行备份，以防止数据丢失。同时，FTP 服务器还可以用于网络存储，将文件存储在 FTP 服务器上，用户可以通过 FTP 协议从任何地方访问这些文件。这使得用户可以更加方便地管理和使用自己的文件。

9. 网络安全功能

FTP 服务器提供了网络安全功能，如防火墙、入侵检测和防御等。防火墙可以保护服务器免受网络攻击和非法访问。入侵检测和防御系统可以检测并防御网络攻击等安全问题。这些功能可以帮助用户保护文件和服务器安全。

10. 可扩展性和灵活性

FTP 服务器通常提供了可扩展性和灵活性，可以根据用户的需求进行定制和扩展。例如，可以通过添加插件或模块来增强服务器的功能，或者通过与其他系统集成来实现更复杂的功能。同时，FTP 服务器的配置和管理也应该是灵活的，可以根据用户的实际需求进行调整和优化。这样可以帮助用户实现更高效的文件传输和管理。

三、FTP 服务器的工作原理

FTP 服务器是运行 FTP 协议的服务器，它允许用户通过客户机与服务器进行通信，以及上传和下载文件。FTP 服务器的工作原理如图 9-1 所示。

1）发送连接请求：客户机向服务器发出连接请求，同时客户机系统动态打开一个大于 1024 的端口 X 等待服务器连接。

2）建立 FTP 会话连接：当 FTP 服务器在端口 21 侦听到客户机的连接请求后，会在客户机的端口 X 与服务器的端口 21 之间建立起一个 FTP 会话连接。

3）数据传输：一旦连接建立成功，双方便进入交互式会话状态，互相协调完成文件传输工作。当需要传输数据时，客户机再动态打开一个大于 1024 的端口 Y 连接到 FTP 服务器的端口 20，并在这两个端口之间进行数据的传输。当数据传输完毕后，这两个端口会自动关闭。

图 9-1 FTP 服务器工作原理

4）保持连接：在数据传输完毕后，客户机仍与 FTP 服务器保持连接。

5）终止连接：当客户机断开与 FTP 服务器的连接时，客户机上动态分配的端口号将自动释放掉。

四、隔离用户

FTP 服务器的隔离用户是指将不同用户在物理或逻辑上分隔开来，使得每个用户只能访问自己的文件和目录，而无法访问其他用户的文件和目录。这种隔离机制可以防止不同用户之间的文件访问冲突和潜在的安全风险。

1）用户目录隔离：每个用户都有自己的用户目录，用户上传或下载的文件都存储在自己的用户目录中。服务器上没有公共目录，避免了不同用户之间的文件访问冲突。

2）访问控制列表（ACL）：ACL 是一种用于控制用户访问文件和目录的机制。ACL 可以定义哪些用户可以访问哪些文件或目录，以及访问的权限（读、写、执行等）。通过 ACL，可以限制用户对文件的访问权限，进一步增强了文件的安全性。

3）用户认证：FTP 服务器通常使用用户名和密码进行认证，只有通过认证的用户才能访问服务器上的文件。认证过程可以包括密码加密、一次性密码（OTP）等增强安全性的措施。

4）IP 地址限制：FTP 服务器可以限制特定 IP 地址或 IP 地址范围的访问。这样可以防止未经授权的用户通过猜测用户名和密码来访问服务器上的文件。

5）会话隔离：每个用户的 FTP 会话是相互独立的，一个用户的操作不会影响其他用户的会话。这样可以防止一个用户的恶意行为对其他用户造成影响。

6）传输模式限制：FTP 协议支持主动模式和被动模式两种数据传输模式。在主动模式下，客户机主动连接服务器的数据端口进行文件传输；在被动模式下，服务器主动连接客户机的数据端口进行文件传输。通过限制传输模式，可以进一步增强文件的安全性。

7）数据加密：FTP 协议支持使用 SSL 或 TLS 等加密协议对文件传输数据进行加密，确保数据在传输过程中的安全性。

项目实施

KIARUI 科技有限公司的网络管理员为了搭建一个稳定、安全、高性能的 FTP 服务器，以此提升企业的信息化水平，优化资源配置，提升工作效率，制订一份 FTP 服务器的部署方案。

1. 搭建 FTP 服务器的目标：

1）提高文件的共享性：FTP 服务器可以让员工在远程计算机上存储、管理和共享文件，方便员工之间的文件传输。

2）提供非直接使用远程计算机的方式：FTP 服务器允许员工通过登录到服务器来访问文件，而不需要直接在远程计算机上进行操作。

3）提供安全、可靠、高效的文件传输：FTP 服务器具有较高的稳定性和可靠性，可以通过用户认证、访问控制、加密传输等方式保证文件传输的安全性和可靠性，同时提供高效的传输方式。

2. 部署步骤

1）安装 FTP 服务器。

2）架设 FTP 站点。

3）设置身份验证和授权信息。

3. 公司 FTP 服务器规划（见表 9-1）

表 9-1 KIARUI 公司网站规划表

服务器名称	主机名称	主机地址	网关	DNS
Web	ftp.kiarui.cn	192.168.10.9/24	192.168.10.1	192.168.10.11 192.168.10.2

任务 1 安装 FTP 服务器

在 Windows Server 2019 操作系统上安装 FTP 服务，这是搭建 FTP 服务器的第一步。只有安装了 FTP 服务，才能在其上部署 FTP 站点及应用程序。本任务在"项目 8 Web 服务器的配置与管理"的基础上安装 FTP 组件。

STEP01 在服务器管理器面板的"仪表板"中选择"添加角色和功能"命令，打开"添加角色和功能向导"。

STEP02 在"添加角色和功能向导"的"选择服务器角色"界面勾选"Web 服务器（IIS）"下的"FTP 服务器"复选框，如图 9-2 所示，单击"下一步"按钮。

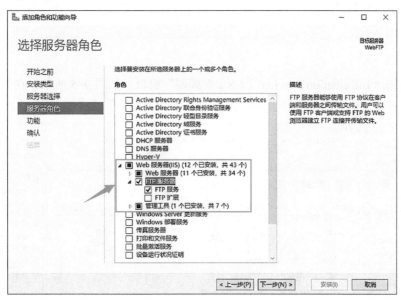

图 9-2 安装 FTP 服务器角色

STEP03 在"添加角色和功能向导"后续的界面使用默认设置安装 FTP 组件。FTP 服务器的主目录默认安装在"%SystemDriver%:\Inetpub\ftproot"下，如图 9-3 所示。

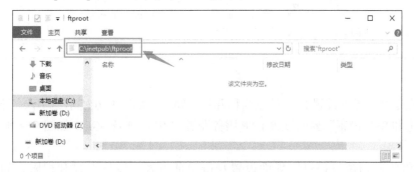

图 9-3 FTP 服务器默认主目录

任务 2　架设 FTP 站点

安装 FTP 服务器角色后，需要架设 FTP 站点才能提供文件传输服务。

一、架设 FTP 站点

STEP01 将准备好的 FTP 资源放在一个文件夹中，如图 9-4 所示，将资源文件放在"D:\FTP_share\"文件夹中。

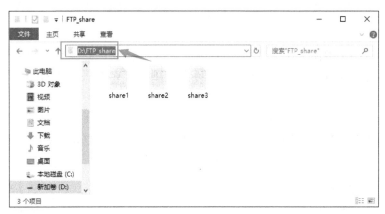

图 9-4　FTP 资源

STEP02 打开"Internet Information Services（IIS）管理器"窗口，如图 9-5 所示，在 IIS 管理器窗口左侧的"网站"上单击鼠标右键，在弹出的快捷菜单中选择"添加 FTP 站点"命令，打开"添加 FTP 站点"向导。

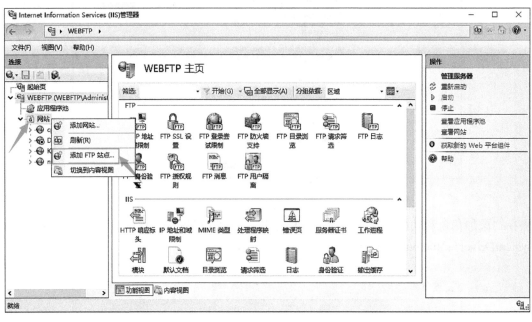

图 9-5　添加 FTP 站点

STEP03 在"站点信息"界面设置 FTP 站点名称和物理路径，如图 9-6 所示，单击"下一步"按钮。

STEP04 在"绑定和 SSL 设置"界面设置 FTP 服务器绑定 IP 地址及 SSL，如图 9-7 所示，单击"下一步"按钮。

STEP05 在"身份验证和授权信息"界面设置身份验证方式、授权方式和权限，如图 9-8 所示，单击"完成"按钮，完成 FTP 站点的架设。

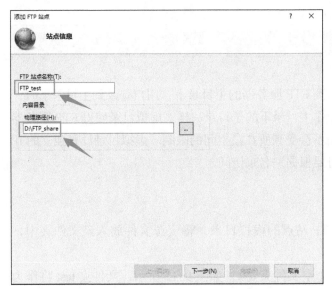

图 9-6　设置 FTP 站点名称和物理路径

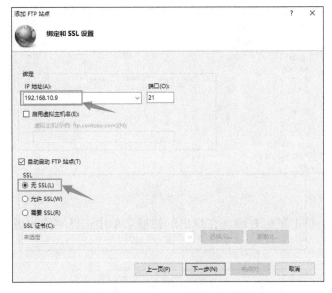

图 9-7　FTP 站点绑定和 SSL 设置

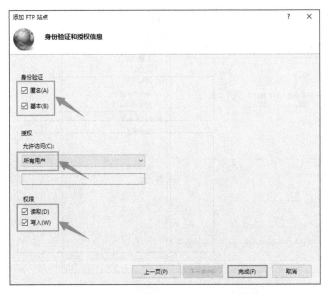

图 9-8　FTP 站点身份验证和授权信息

二、测试新建的 FTP 站点

在客户机上打开资源管理器或 IE 浏览器，在地址栏中输入 "ftp://192.168.10.9" 或 "ftp://ftp.kiarui.cn/" 访问 FTP 服务器，结果如图 9-9 所示，说明 FTP 站点架设成功，公司员工可以采用相同的方式访问资源。

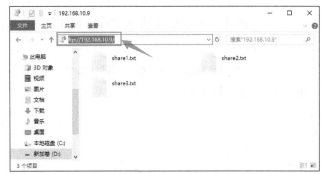

图 9-9　使用资源管理器访问 FTP 站点

由于在架设 FTP 服务器设置权限时允许用户写入，如图 9-8 所示，因此在客户机使用资源管理器访问 FTP 服务器时，可以将客户机上的资源复制到 FTP 服务器上。如在客户机上建立一个资源文件 "GuestTest.txt"，然后将该资源文件复制到 FTP 服务器上（上传文件），结果如图 9-10 所示。

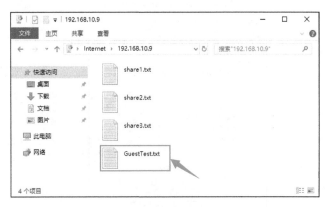

图 9-10　使用浏览器访问 FTP 站点

如果不希望用户上传文件，则在架设 FTP 站点设置权限时不允许 "写入" 即可。

任务3 创建 FTP 虚拟目录

FTP 虚拟目录指的是将其他目录以映射的方式虚拟到 FTP 服务器的主目录下，用户登录到主目录下时，就可以根据该账户的权限对它进行相应的操作，就像操作主目录下的子目录一样。虚拟目录使得 FTP 服务器的主目录可以包括很多不同盘符、不同路径的目录，而不会受到所在盘空间的限制。虚拟目录没有独立的 IP 地址和端口，只能指定别名和物理路径，用户在访问时要根据别名来访问。

一、创建 FTP 虚拟目录

STEP01 创建一个新的文件夹"D:\Vir_dir"作为 FTP 站点的虚拟目录，将资源文件放入该文件夹中，如图 9-11 所示。

STEP02 在 FTP 站点主目录"FTP_share"中新建一个空文件夹 test，如图 9-12 所示，文件夹 test 将作为 FTP 站点的虚拟目录的指定别名。

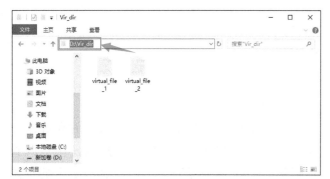

图 9-11 创建虚拟目录   图 9-12 创建别名目录

STEP03 在 IIS 管理器的"网站"下的"FTP_test"上单击鼠标右键，在弹出的快捷菜单中选择"添加虚拟目录"命令，如图 9-13 所示。

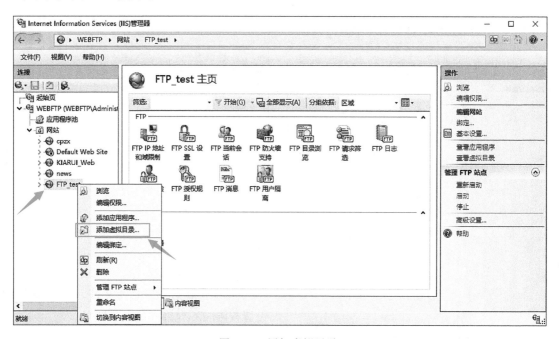

图 9-13 添加虚拟目录

STEP04 如图 9-14 所示，在"添加虚拟目录"对话框中设置别名为"test"（FTP 站点主目录中的空文件夹名），设置物理路径为"D:\Vir_dir"，单击"确定"按钮，完成虚拟目录的添加。

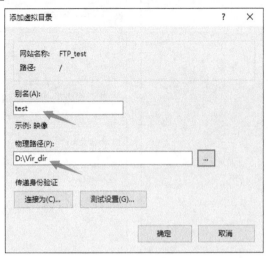

图 9-14　指定别名和物理路径

二、测试 FTP 虚拟目录

STEP01 在客户机的浏览器中访问 FTP 站点，结果如图 9-15 所示。

STEP02 进入目录"test"中查看 FTP 资源，实际是 FTP 服务器物理文件夹"D:\Vir_dir"中的资源，结果如图 9-16 所示。

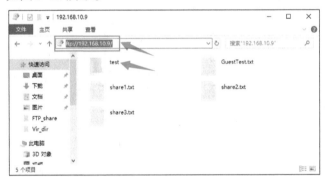

图 9-15　访问虚拟目录

图 9-16　查看虚拟目录资源

任务 4　架设多个 FTP 站点

一个 FTP 站点由一个 IP 地址和一个端口号标识，改变其中任何一项均可标识不同的 FTP 站点。因此，可以使用多个不同的 IP 地址或端口号在一台 FTP 服务器上架设多个 FTP 站点。

一、使用不同的 IP 地址架设多个 FTP 站点

STEP01 参照项目 8 的任务 5 为 Ethernet0 添加多个 IP 地址。

STEP02 按照本项目的任务 2 创建新的 FTP 站点，在"绑定和 SSL 设置"界面设置 FTP 服务器绑定 IP 地址为 192.168.10.201，即使用不同的 IP 地址架设新的 FTP 站点，如图 9-17 所示。

二、使用不同的端口号架设 FTP 站点

STEP01 按本项目任务 2 的方式架设一个新的 FTP 站点，在"绑定和 SSL 设置"界面设置 FTP 服务器绑

定 IP 地址为 192.168.10.9，端口号设置为 2100，即使用不同的端口号架设新的 FTP 站点，如图 9-18 所示。

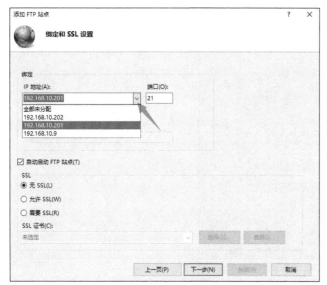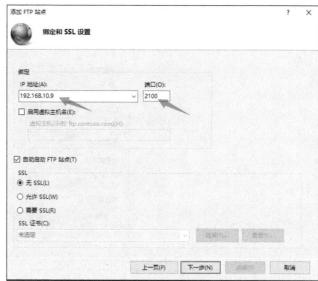

图 9-17　绑定 IP 地址　　　　　　　　　　　　　　　图 9-18　绑定端口号

STEP02 在客户机浏览器中的地址栏输入"ftp://192.168.10.9:2100/"或"ftp://ftp.kiarui.cn:2100/"访问新的 FTP 站点，结果如图 9-19 所示。

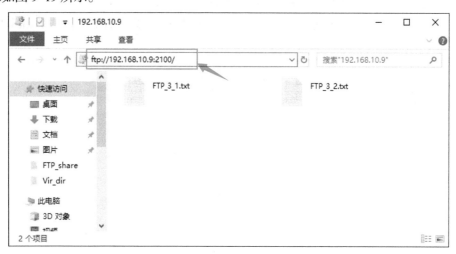

图 9-19　使用 IP 地址和端口号访问 FTP 站点

任务5　管理 FTP 站点

在 FTP 服务器及 FTP 站点架设好之后，还需要对 FTP 站点进行适当的管理，确保 FTP 站点的稳定性和安全性，同时为用户提供高效的资源共享和文件传输服务。

一、设置 IP 地址和端口号

IP 地址是互联网上每一台计算机的唯一标识，通过设置 FTP 服务器的 IP 地址，其他计算机可以找到并连接到该服务器。端口号则是指网络上不同设备之间通信的标识，FTP 协议默认使用端口 21 进行控制连接，端口 20 用于数据传输。在 FTP 服务器中设置正确的 IP 地址和端口号，可以让其他计算机通过这些信息建立与 FTP 服务器的连接，实现文件的上传和下载。

　　在"绑定和 SSL 设置"界面可以设置 FTP 服务器的绑定 IP 地址和端口号。如果要修改绑定的 IP 地址，则在 IIS 管理器中选择要修改 IP 地址和端口号的 FTP 站点并单击鼠标右键，在弹出的快捷菜单中选择"编辑绑定"命令，如图 9-20 所示。

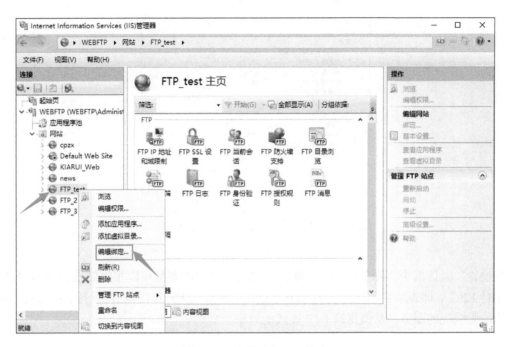

图 9-20　编辑绑定 FTP 站点

　　在打开的"网站绑定"对话框中选择要修改 IP 地址信息，如图 9-21 所示，单击"编辑"按钮，再在"编辑网站绑定"界面设置 IP 地址和端口号。

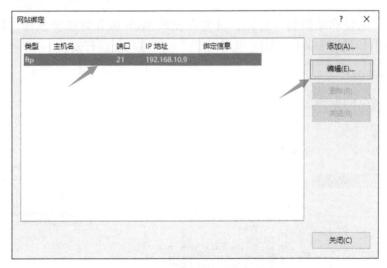

图 9-21　编辑 IP 地址和端口号

二、FTP 站点高级设置

　　在 IIS 管理器中选择 FTP 站点，在管理器的右侧单击"高级设置"，打开高级设置对话框，在该对话框中，可以设置 FTP 站点的常规属性和行为属性，如图 9-22 所示，将 FTP 站点的最大连接数改为一个比较小的数，如改为 20，可以避免同时访问 FTP 服务器的用户数量较多的情况，从而减小 FTP 服务器传输文件时占用的带宽，保证其他网络服务器正常运行。

图 9-22　FTP 站点高级设置

在"高级设置"对话框中，除灰色参数不能修改之后，其他的参数可以根据站点配置需要进行设置，如"控制通道超时 120"，即表示当用户连接到 FTP 站点后，如果在 120 秒内没有进行操作，则自动断开会话，避免长时间等待无响应的服务，从而提高 FTP 连接的效率。

三、IP 地址和域限制

FTP 站点的"IP 地址和域限制"功能可以用来定义和管理允许或拒绝访问特定 IP 地址、IP 地址范围、域名或名称的相关内容的规则。这种限制可以增强 FTP 站点的安全性和访问控制，保障服务器资源不被非法访问和使用。

STEP01 要实现"IP 地址和域限制"功能，首先在安装 Web 服务时需要选择"IP 和域限制"功能，如图 9-23 所示。如果开始没有安装该功能，也可以继续添加该功能进行安装。

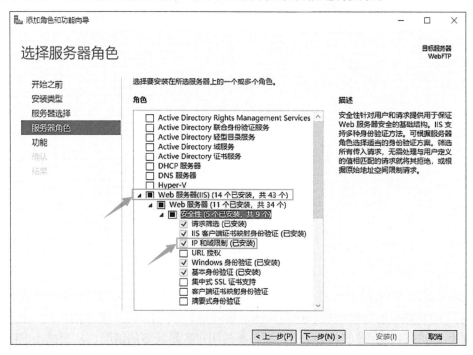

图 9-23　添加 IP 地址和域限制功能

STEP02 在 IIS 管理器左侧单击 FTP 站点 FTP_test，如图 9-24 所示，在 "FTP_test 主页" 窗口中打开 "FTP IP 地址和域限制" 功能。

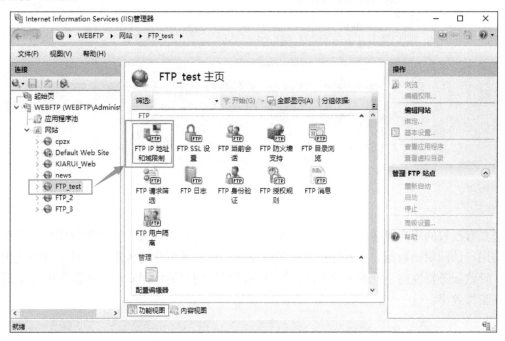

图 9-24 打开 IP 地址和域限制功能

STEP03 在 IIS 管理器的右侧 "操作" 栏目下单击 "添加允许条目" 可以添加允许访问的 IP 地址（或 IP 子网），单击 "添加拒绝条目" 可以添加不允许访问的 IP 地址（或 IP 子网），设置后的结果如图 9-25 所示，允许 IP 地址范围为 192.168.10.1 ～ 192.168.10.126 的主机访问 FTP 站点，拒绝 IP 地址范围为 192.168.10.129 ～ 192.168.10.254 的主机访问 FTP 站点。

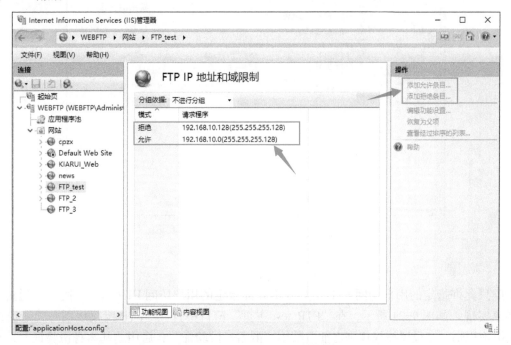

图 9-25 设置 IP 地址和域限制

STEP04 将客户机的 IP 地址改为 192.168.10.1 ～ 192.168.10.127 中的一个地址后，可以正常访问 FTP 站点。将客户端的 IP 地址改为 192.168.10.129 ～ 192.168.10.254 中的一个地址后，再访问 FTP 站点，则会出现登录框，键入用户名和密码后仍不能访问 FTP 站点，如图 9-26 所示。

图 9-26　访问 FTP 站点

四、设置用户访问权限

如果希望只有授权的用户能够访问和操作 FTP 站点中的文件和文件夹，需要设置用户的访问权限，以防止未经授权的用户访问敏感数据，从而保护数据免受盗窃、篡改或删除的风险，同时可以防止用户滥用 FTP 服务器资源，导致服务器性能下降或系统崩溃，这样既能保护网站的数据安全，还能保证各个部门之间的工作独立，提高工作效率。

1. 设置用户身份验证

如图 9-24 所示，在"FTP_test 主页"窗口中打开"FTP 身份验证"功能，在"FTP 身份验证"功能窗口中将"匿名身份验证"的状态改为"已禁用"，如图 9-27 所示，之后客户机需要使用用户名及用户对应的密码才能访问 FTP 站点。

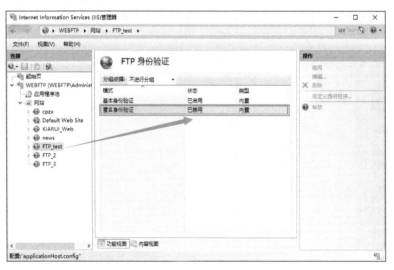

图 9-27　设置 FTP 站点身份验证

2. 设置授权规则

如果希望只允许指定的用户访问 FTP 站点或不允许指定的用户访问 FTP 站点，则需要通过"FTP 授权规则"功能来实现。如图 9-24 所示，在"FTP_test 主页"窗口中打开"FTP 授权规则"功能窗口，再添加允许规则或拒绝规则。在设置授权规则之前应禁用"匿名身份验证"，启用"基本身份验证"，且创建了对应的用户或用户组。

"添加允许授权规则"对话框如图 9-28 所示，允许授权规则可以设置允许"所有用户""所有匿名用户""指定的角色或用户组"或"指定的用户"访问 FTP 站点。这里设置指定用户 FTP1 可以访问 FTP_test 站点，且拥有"读取"和"写入"权限。

　　按类似的方法可以添加拒绝规则，如拒绝用户 FTP2 访问 FTP 站点，结果如图 9-29 所示，客户机可以使用除 FTP2 之外的所有用户名访问 FTP 站点。如果将"允许所有用户"这条规则删除，则只能使用 FTP1 访问 FTP 站点。

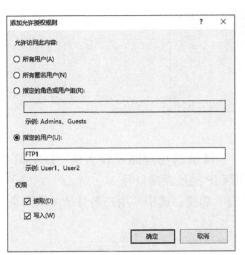

图 9-28　添加允许授权规则

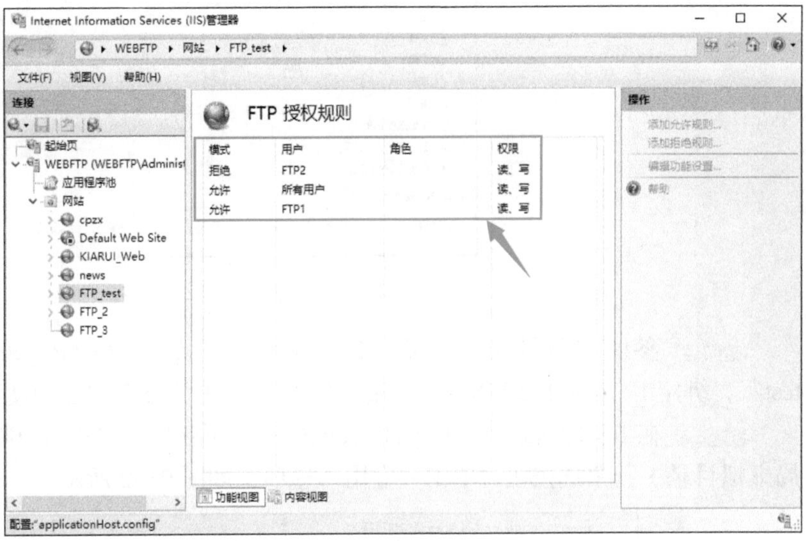

图 9-29　添加拒绝规则

任务6　配置 FTP 用户隔离

　　在配置 FTP 用户隔离时，除了安装 FTP 服务之外，还需要安装 FTP 扩展功能，如图 9-30 所示。

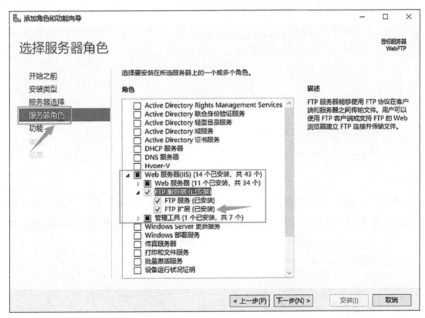

图 9-30　安装 FTP 扩展功能

　　STEP01 创建 FTP 登录用户，这里创建的用户名为"FTP_geli"。
　　STEP02 创建 FTP 站点主目录，如创建目录"D:\Geli_test"，在该目录下创建用户主目录"Localuser"，该目录名不可更改，实现用户隔离。
　　STEP03 在"D:\Geli_test\Localuser"目录下再创建目录"public"及与登录用户名相同的目录"FTP_geli"，

"public"目录名不可以更改。在两个目录中分别放入 FTP 资源。结果如图 9-31 所示。

图 9-31　设置隔离用户目录

STEP04 参照本项目任务 2 架设 FTP 站点，站点名为 FTP_geli，主目录的物理路径设置为"D:\Geli_test"，绑定 IP 地址 192.168.10.9，端口号为 2121（任务 2 中已经使用该 IP 地址及端口号 21）。

STEP05 在 IIS 管理器中选择 FTP_geli 站点，并打开"FTP 用户隔离"功能，选中"用户名目录（禁用全局虚拟目录）"单选按钮，单击"应用"选项，如图 9-32 所示。

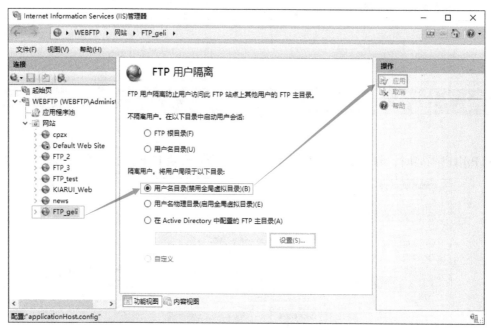

图 9-32　设置 FTP 用户隔离

STEP06 在客户机浏览器地址栏中使用"ftp://192.168.10.9:2121/"或"ftp://ftp:kiarui.cn:2121/"访问 FTP 站点，发现会直接登录 FTP 站点，且站点中的 FTP 资源为 public 目录中的资源，如图 9-33 所示。

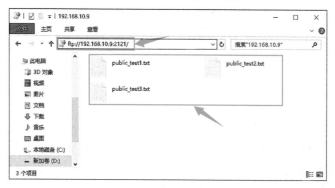

图 9-33　匿名访问 FTP 站点

STEP07 在 IIS 管理器中禁用 FTP_geli 站点的"匿名身份验证"，如图 9-34 所示。

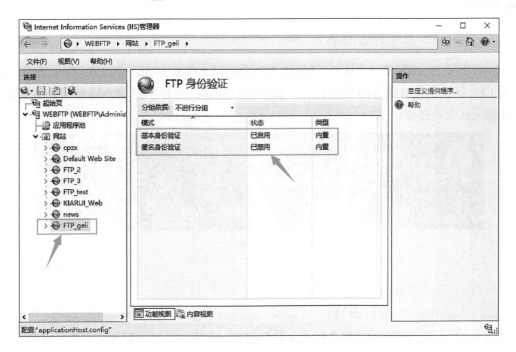

图 9-34　设置 FTP 身份验证

STEP08 在客户机浏览器地址栏中使用"ftp://192.168.10.9:2121/"重新访问 FTP 站点，在"登录身份"验证对话框中使用其他用户名无法登录站点。使用 FTP_geli 用户及密码登录 FTP 站点，如图 9-35 所示。

STEP09 登录 FTP 站点后，可以看到站点中的资源文件，如图 9-36 所示。如果 FTP_geli 用户对该目录有写入权限，则该用户就可以上传文件到该 FTP 站点。

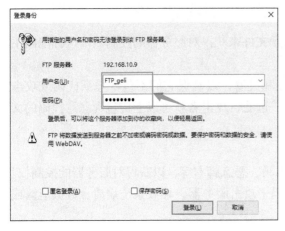

图 9-35　使用隔离用户登录 FTP 站点

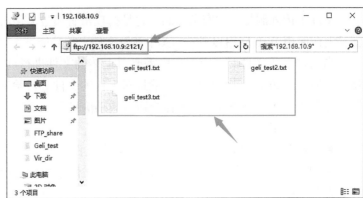

图 9-36　访问隔离用户站点资源

项目小结

FTP 服务器负责着文件传输的重要任务。本项目主要介绍 FTP 服务器的基本概念、FTP 服务器的基本功能及 FTP 服务器的工作原理，并通过任务实践的方式介绍了如何配置和管理 FTP 服务器，包括设置 IP 地址和端口号、管理用户账户、设置虚拟目录、配置隔离用户等 FTP 站点的管理方法。通过掌握这些知识，可以在网络环境中轻松地实现文件资源的共享和传输。

项目拓展

一、PowerShell 方式安装 FTP 服务

在"Windows PowerShell"窗口中执行"Install-WindowsFeature web-ftp-server -IncludeManagementTools"命令后，安装 FTP 服务及 FTP 服务的管理工具。如图 9-37 所示，安装 FTP 服务后出现警告信息：必须重新启动服务器才能完成安装过程。

```
PS C:\Users\Administrator> Install-WindowsFeature web-ftp-server -IncludeManagementTools

Success Restart Needed Exit Code      Feature Result

True    Yes            SuccessRest... {FTP 服务器, FTP 服务}
警告: 必须重新启动此服务器才能完成安装过程。

PS C:\Users\Administrator>
```

图 9-37 安装 FTP 服务

二、PowerShell 方式删除 FTP 服务

在"Windows PowerShell"窗口中执行"remove-windowsfeature -name Web-Ftp-Server"命令可以删除 FTP 服务，如图 9-38 所示，删除 FTP 服务后出现警告信息：必须重新启动服务器才能完成删除过程。

```
PS C:\Users\Administrator> remove-windowsfeature -name Web-Ftp-Server

Success Restart Needed Exit Code      Feature Result

True    Yes            SuccessRest... {FTP 扩展, FTP 服务器, FTP 服务}
警告: 必须重新启动此服务器才能完成删除过程。
```

图 9-38 删除 FTP 服务

三、文件上传漏洞

文件上传漏洞是一种安全漏洞，它是指攻击者通过上传恶意文件来获得对服务器的控制权。这种漏洞主要发生在使用 Web 应用程序时，其中涉及文件上传功能。

当用户上传文件时，应用程序需要对上传的文件进行验证和过滤，以确保它们不包含恶意代码或攻击脚本。但是，如果应用程序没有正确地对上传的文件进行验证或过滤，攻击者就可以上传包含恶意代码的文件，并利用这些代码来攻击服务器或窃取敏感信息。

文件上传漏洞的主要危害包括：

● 恶意文件上传：攻击者可以上传恶意文件，如病毒、木马、恶意脚本等，以获得对服务器的控制权。

● 服务器被攻击：攻击者可以利用恶意文件中的攻击代码来攻击服务器，导致系统崩溃、数据泄露或其他安全问题。

● 权限提升：攻击者可以利用文件上传漏洞来提升自己的权限，从而执行更高级别的操作，如窃取管理员权限或篡改系统配置。

为了防范文件上传漏洞，建议采取以下措施：

● 对用户上传的文件类型和大小进行严格的限制和检查。

● 使用安全性较高的开源编辑器，并及时更新其版本。

● 对用户本地文件进行严格审查，防止恶意文件上传。

● 采用严格的文件过滤机制，防止非法文件上传。

● 对用户上传的文件进行安全检查和解析，避免恶意代码的执行。

● 对用户上传的文件路径进行合理限制，防止敏感信息泄露。

练习

一、选择题

1. FTP 是指（　　　）。

A．文件传输协议　　　　　　　　　　　B．文件传输主机

C．文件传输软件　　　　　　　　　　　D．文件传输服务器

2. FTP 服务器的默认控制端口号是（　　）。

A．20　　　　　　　　B．21　　　　　　　C．22　　　　　　　D．23

3. （　　）不是 FTP 用户访问权限设置。

A．读取　　　　　　　B．写入　　　　　　C．执行　　　　　　D．删除

4. FTP 服务器可以使用（　　）来加强传输的安全性。

A．SSL/TLS　　　　　B．SSH　　　　　　C．HTTP　　　　　　D．VPN

5. FTP 用户名和密码用于（　　　）。

A．访问 FTP 服务器　　　　　　　　　　B．加密文件传输

C．设置带宽限制　　　　　　　　　　　D．启用防火墙

6. FTP 服务器的默认数据端口号是（　　　）。

A．20　　　　　　　　B．21　　　　　　　C．22　　　　　　　D．23

7. 文件上传漏洞是指（　　　）。

A．攻击者利用系统漏洞上传恶意文件

B．使用 FTP 软件提供的上传功能传输文件

C．通过 HTTP 协议传输文件到 FTP 服务器

D．用户无意中上传错误文件到服务器

二、简答题

1. 什么是 FTP 服务器？它的主要作用是什么？

2. 简要介绍一下 FTP 服务器的工作原理。

3. 什么是文件上传漏洞？它为攻击者提供了什么样的机会？如何预防和防范文件上传漏洞？

项目 10

域服务器的配置与管理

学习目标

知识目标

○ 理解域、域树、域目录林以及活动目录的概念。
○ 理解活动目录的逻辑结构与物理结构。
○ 理解活动目录和活动目录服务的关系。
○ 熟悉活动目录的安装过程。
○ 掌握域用户和组的管理。
○ 掌握组织单元的管理。
○ 掌握如何将计算机加入域。
○ 掌握活动目录的删除过程。

技能目标

○ 能够绘制逻辑结构和物理结构。
○ 能够安装活动目录。
○ 能够将计算机加入域。
○ 会在域环境中对用户和组进行管理。
○ 会在域环境中对组织单元进行管理。
○ 能够删除活动目录。

素养目标

○ 锻炼交流沟通能力，逐步养成清晰、有序的逻辑思维。
○ 在管理用户账户、设置安全策略的过程中逐步建立网络安全意识。
○ 增强信息系统安全和集中管理意识，能利用 Active Directory 管理内部计算机资源。

KIARUI 科技有限公司的内部网络已经基本搭建完成并已连接 Internet。由于公司计算机数量较多，需要一种高效的网络管理方式来进行管理。Windows Server 2019 的域管理能够很好地实现集中管理计算机和用户账户，还可以解决其他网络资源的问题。通过在 Windows Server 2019 中安装活动目录（域控制器），用于存储网络上各种对象的相关信息，以便系统管理员和用户进行查找和使用。将 Windows 计算机加入域，管理域用户、组和组织单位，以及管理域组策略，都可以在域控制器中实现。

一、目录和活动目录

1. 目录

目录是一个用于存储、组织和管理信息（如文件、数据库记录、网络资源等）的系统。它提供了一个结构化的环境，使用户能够更加方便地查找、访问和管理这些资源。目录服务是负责维护这个目录系统的软件组件，它允许用户进行身份验证、授权、资源查找和其他与目录相关的操作。

目录的主要功能包括：

● 信息存储：目录用于存储各种类型的信息，这些信息可以是关于用户、计算机、打印机等网络资源的，也可以是关于文件、数据库记录等数据的。

● 组织和管理：目录提供了一个层次化的结构，用于组织和管理这些信息。这种结构使得用户可以更加高效地查找和管理资源。

● 身份验证和授权：目录服务通常包含身份验证和授权机制，确保只有经过身份验证的用户才能访问资源，并且只能访问他们被授权访问的资源。

● 资源查找：用户可以通过目录服务查找网络中的资源，如文件、打印机、用户账户等。

2. 活动目录

活动目录（Active Directory，AD）是 Windows Server 操作系统中的一个核心组件，它提供了目录服务的功能。活动目录不仅是一个目录，更是一个分布式的数据库，用于存储有关网络资源和用户的信息。这些信息包括用户账户、计算机账户、打印机、共享文件夹等。活动目录的主要特点如下：

● 集中管理：活动目录提供了一个集中的存储库，用于存储整个网络环境中的资源和用户信息。这使得管理员可以更加高效地管理这些资源。

● 可扩展性：活动目录使用 LDAP（轻量目录访问协议）作为其核心协议，这使得它可以与多种应用程序和服务进行交互。此外，活动目录还支持模式扩展，允许管理员根据组织的需求定制目录结构。

● 分布式数据库：活动目录是一个分布式的数据库系统，可以在多个服务器上进行复制，以提供高可用性和容错性。这种分布式的设计使得活动目录能够支持大规模的网络环境。

● 身份验证和授权：活动目录提供了强大的身份验证和授权机制，确保只有经过身份验证的用户才能访问网络资源，并且只能访问他们被授权访问的资源。这种机制有助于保护网络的安全性和完整性。

● 组策略：活动目录与组策略（Group Policy）紧密集成，允许管理员创建和部署统一的配置设置和策略，以确保整个网络环境中的计算机和用户都符合组织的标准和要求。组策略可以用于管理各种设置，如桌面配置、安全设置、软件分发等。

3. 活动目录构架

架构（Schema）就是活动目录的基本结构，是组成活动目录的规则。活动目录使用了一个层次化的命名空间来组织网络中的资源和用户。这个命名空间由域名（如 example.com）和子域名（如 sales.example.com、hr.example.com）组成。在这个命名空间中，每个对象（如用户、计算机、打印机等）都有一个唯一的标识符（称为对象标识符或 GUID），以及一个可读的名称（如 JohnDoe、PrintServer1 等）。

活动目录中的对象被组织成容器（如组织单位、域等），这些容器可以包含其他对象或子容器。这种层次化的结构使得管理员可以更加灵活地组织和管理网络中的资源。

4. 轻型目录访问协议

轻型目录访问协议（Light Directory Access Protocol，LDAP）是访问活动目录的协议，当活动目录中对象的数目非常多时，如果要对某个对象进行管理或使用，就需要定位该对象，这时就需要有一种层次结构来查找它，LDAP 就提供了这样一种机制。

在 LDAP 协议中制订了严格的命名规范，按照这个规范可以唯一地定位一个活动目录对象，见表 10-1。

表 10-1　LDAP 中关于 DC、OU 和 CN 的定义

名称	属性	描述
DC	域组件	活动目录域的 DNS 名称
OU	组织单位	组织单位可以和实际中的一个行政部门相对应，组织单位中可以包括其他对象，如用户、计算机和打印机等
CN	普通名字	除了域组件和组织单位外的所有对象，如用户和打印机

二、Active Directory 的组织结构

1. 逻辑结构

活动目录的逻辑结构非常灵活，它为活动目录提供了完全的树状层次结构视图，为用户和管理员查找、定位对象提供了极大的方便。活动目录的逻辑结构可以和公司的组织机构图结合起来，通过对资源进行逻辑组织，使用户可以通过名称而不是通过物理位置来查找资源，并且使网络的物理结构对用户来说是透明的。

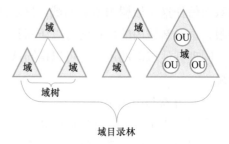

图 10-1　活动目录逻辑结构

活动目录的逻辑结构包括域（Domain）、域树（Domain Tree）、域目录林（Forest）和组织单位（Organization Unit，OU），如图 10-1 所示。

（1）域

域是 Windows Server 2019 活动目录逻辑结构的核心单元，是活动目录对象的容器。在 Windows Server 2019 的活动目录中，域用三角形来表示。

域定义了一个安全边界，域中所有的对象都保存在域中，都在这个安全的范围内接受统一的管理。同时每个域只保存属于本域的对象，所以域管理员只能管理本域。安全边界的作用就是保证域的管理者只能在该域内拥有必要的管理权限，如果要让一个域的管理员去管理其他域，除非管理者得到其他域的明确授权。

（2）域树

域树是由一组具有连续命名空间的域组成的。

例如，KIARUI 科技有限公司最初只有一个域名 kiarui.cn，后来由于公司发展，在南昌成立了一家分公司。出于安全考虑需要新创建一个域（域是安全的最小边界），可以把这个新域添加到现有目录中。这个新

域 nc.kiarui.cn 就是现有域 kiarui.cn 的子域，kiarui.cn 称为 nc.kiarui.cn 的父域。随着公司的发展，还可以在 kiarui.cn 下创建另一个子域 gz.kiarui.cn，这两个子域互为兄弟域，如图 10-2 所示。

（3）域目录林

域目录林是由一棵或多棵域树组成的，每棵域树独享连续的命名空间，不同域树之间没有命名空间的连续性，如图 10-3 所示。

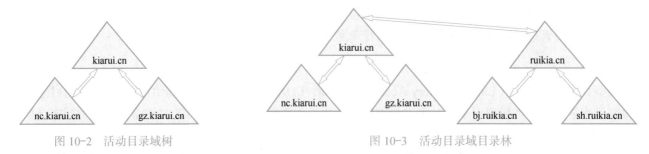

图 10-2　活动目录域树　　　　　　　　　　　图 10-3　活动目录域目录林

（4）信任

两个域之间必须创建信任关系（trust relationship），才可以访问对方域内的资源。而任何一个新的 Active Directory 域被加入到域树后，这个域会自动信任其前一层的父域，同时父域也会自动信任这个新的子域，而且这些信任关系具备双向传递性（two-way transitive）。由于这个信任工作是通过 Kerberos security protocol 来完成的，因此也被称为 Kerberos trust。

如图 10-4 所示，图中域 A 信任域 B（箭头由 A 指向 B）、域 B 又信任域 C，因此域 A 自动信任域 C。另外，域 C 信任域 B（箭头由 C 指向 B）、域 B 又信任域 A，因此域 C 自动信任域 A。结果是域 A 和域 C 之间自动创建起双向的信任关系。

因此，当任何一个新域加入到域树后，它会自动双向信任这个域树内所有的域，只要拥有适当的权限，这个新域内的用户就可以访问其他域内的资源，同理其他域内的用户也可以访问这个新域内的资源。

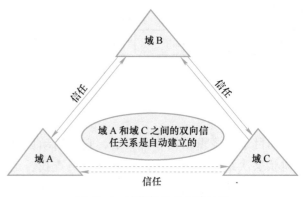

图 10-4　域信任关系创建过程

（5）容器与组织单位

容器（Container）与对象相似，它也有自己的名称，也是一些属性的集合，不过容器内可以包含其他对象（如用户、计算机等对象），也可以包含其他容器。而组织单位是活动目录中的一个特殊容器，它可以把用户、组、计算机和打印机等对象组织起来。与一般的容器仅能容纳对象不同，组织单位不仅可以包含对象，而且可以进行策略设置和委派管理，这是普通容器不能办到的。

组织单位是活动目录中最小的管理单元。如果一个域中的对象数目非常多，可以用组织单位把一些具有相同管理要求的对象组织在一起，这样就可以实现分级管理了。而且作为域管理员，还可以指定某个用户去管理某个 OU，管理权限可视情况而定，这样可以减轻管理员的工作负担。

在规划组织单位时，可以根据两个原则：地点和部门职能。如一个公司的域由长沙、南昌和广州这三个地点组成，而且每个地点都有三个部门，则可以按图 10-5 所示的结构来组织域中的资源。

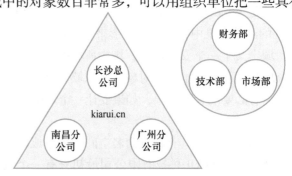

图 10-5　活动目录组织单位

（6）全局编录

一个域的活动目录只能存储该域的信息，相当于这个域的目录。而当一个目录林中有多个域时，由于每个域都有一个活动目录，如果一个域的用户要在整个目录林范围内查找一个对象，就需要搜索目录林中的所有域，这时全局编录（Global Catalog，GC）就派上用场了。

全局编录相当于一个总目录。就像一套系列丛书有一个总目录一样，在全局编录中存储已有活动目录对象的子集。默认情况下，存储在全局编录中的对象属性是那些经常用到的内容，而非全部属性。整个目录林会共享相同的全局编录信息。

全局编录存放在全局编录服务器上，全局编录服务器是一台域控制器。默认情况下，域中的第一台域控制器自动成为全局编录服务器。当域中的对象和用户非常多时，为了平衡用户登录和查询的流量，可以在域中设置额外的 GC。

2. 物理结构

在活动目录中，逻辑结构是用来组织网络资源的，而物理结构则是用来设置和管理网络流量的。活动目录的物理结构由域控制器和站点组成。

（1）域控制器

域控制器（Domain Controller，DC）是实际存储活动目录的地方，用来管理用户登录进程、验证和目录搜索的任务。一个域中可以有一台或多台 DC，为了保证用户访问活动目录信息的一致性，就需要在各 DC 之间实现活动目录复制。

在 Windows Server 2019 中，采用活动目录的多主复制方式，即每台 DC 都维护着活动目录的可读写的副本，管理其变化和更新。在一个域中，各 DC 之间相互复制活动目录的改变。在一个目录林中，各 DC 之间也把某些信息自动复制给对方。

（2）站点

站点（Site）由一个或多个 IP 子网组成，这些子网之间通过高速且可靠的连接串接起来，这些子网之间的连接速度要够快并且稳定、符合需要，否则就应该将它们分别规划为不同的站点。创建站点的目的是为了优化 DC 之间复制的流量，站点具有以下特点：

● 一个站点可以有一个或多个 IP 子网。

● 一个站点中可以有一个或多个域。

● 一个域可以属于多个站点。

一般来说，一个 LAN（局域网）内的各个子网之间的连接都符合速度快、可靠性高的要求，因此可以将一个 LAN 规划为一个站点；而 WAN（广域网）内的各个 LAN 之间的连接速度一般都不快。因此，WAN 之中的各个 LAN 应该分别被规划为不同的站点。

域是逻辑的（logical）分组，而站点是物理的（physical）分组。在 Active Directory 内，每个站点可能包含多个域；而一个域内的计算机也可能分别属于不同的站点。

利用站点可以控制 DC 的复制是同一站点内的复制还是不同站点间的复制，而且利用站点链接可以有效地组织活动目录复制流，控制活动目录复制的时间和经过的链路。

三、DNS 服务与活动目录

DNS 是 Internet 的重要组件，它为 Internet 提供了一种逻辑的分层结构，利用这个结构可以表示全世界所有的计算机，同时这个结构也为人们使用 Internet 提供了方便。

与之类似，活动目录的逻辑结构也是分层的，因此可以把 DNS 和活动目录结合起来，这样就可以把活动目录中所管理的资源利用 DNS 带到 Internet 上，使人们可以利用 Internet 访问活动目录。

例如，KIARUI 科技有限公司的域名为 kiarui.cn，与该域相对应的 DNS 区域名为 kiarui.cn，那么只要到 Internet 上注册该域名，并把维护区域 kiarui.cn 的 DNS 服务器的 IP 地址公布到 Internet 上即可。图 10-6 显示了 DNS 和活动目录名称空间的对应关系。

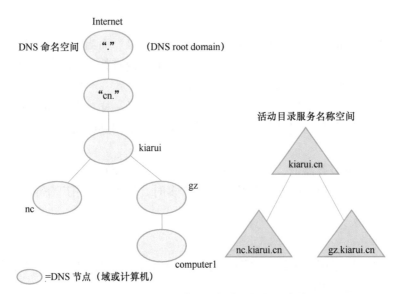

图 10-6　DNS 和活动目录名称空间的对应关系

如果要实现活动目录，就必须设置 DNS 服务。活动目录对 DNS 的要求有以下几方面：

● 支持服务资源记录（SRV Records），使活动目录能被正确定位和访问。

● 支持动态更新协议（DNS Dynamic Updates）：不强制要求，使用后可以减轻手工更新的负担。

● 支持增量传输（Incremental Zone Transfers）：非必需，使用后可以提高区域传输的效率。

在活动目录中 DNS 区域的配置方式有如下两种：

（1）在安装活动目录前创建 DNS 区域

在安装前可以创建一个 DNS 主要区域，并设置区域属性允许非安全的动态更新（如果设置不允许动态更新，安装向导将不允许使用该 DNS 服务器）。安装完成后，如果 DNS 服务器是 DC，可以把区域类型更改为活动目录集成区域，并设置区域属性允许动态更新。

（2）在安装活动目录过程中创建 DNS 区域

如果在安装活动目录前没有设置 DNS 区域，可以让安装向导在安装过程中把 DC 配置为 DNS 服务器。安装向导会自动创建一个与活动目录集成的区域，并设置区域属性允许安全的动态更新。

项目实施

为了给 KIARUI 科技有限公司部署活动目录服务器，公司信息中心网络管理员根据公司的实际情况制订了一份活动目录部署规划方案，具体内容如下。

1）在长沙公司总部架设主活动目录服务器，负责公司用户和计算机管理。创建组织单位、组和用户，并进行管理。

2）在总部任意找一台客户机加入到域，测试域的登录与配置下发。

3）在总部任意找一台独立服务器加入到域，为设置备域服务器或其他服务器做准备。

4）公司域名规划。公司域名、IP 地址和服务器的映射关系见表 10-2。

表 10-2　公司域名、IP 地址和服务器映射表

服务器角色	计算机名称	IP 地址	域主机名	位置
域控制器	DC	192.168.10.11/24	DC.kiarui.cn	长沙
成员服务器	Server	192.168.10.98/24	Server.kiarui.cn	长沙
成员客户机	Client	192.168.10.99/24	Client.kiarui.cn	长沙

5）公司网络拓扑图如图 10-7 所示。

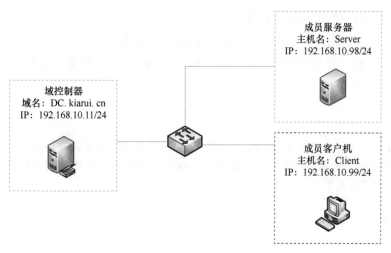

图 10-7 公司网络拓扑图

任务 1 创建域控制器

在部署域控制器之前，需要设置域控制器的 TCP/IP 属性，手工指定 IP 地址、子网掩码、默认网关和 DNS 服务器地址等。由于域控制器所使用的活动目录和 DNS 有着非常密切的关系，因此网络中要求存在 DNS 服务器，并且 DNS 服务器需要支持动态更新。如果没有 DNS 服务器，可以在创建域时一起安装 DNS。在本任务中，假设 DC 上已安装 DNS 服务器，并且此服务器将作为该域目录林中的第一台域控制器。

STEP01 在"服务器管理器"界面，依次选择"仪表板"→"管理"→"添加角色和功能"，打开"添加角色和功能向导"面板，在"开始之前""选择安装类型""选择目标服务器"界面中均使用默认设置，并单击"下一步"按钮。

STEP02 如图 10-8 所示，在"选择服务器角色"界面中，勾选"Active Directory 域服务"选项，并在弹出的"添加 Active Directory 域服务所需的功能？"界面中单击"添加功能"，返回"选择服务器角色"界面后单击"下一步"按钮。

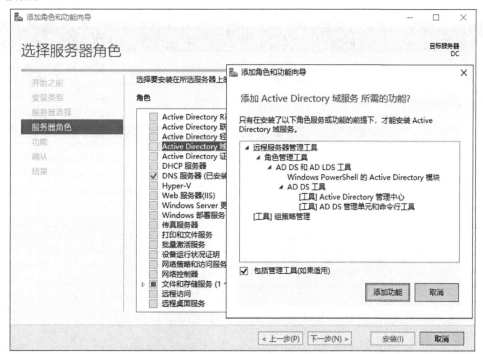

图 10-8 安装 Active Directory 域服务

STEP03 在接下来的界面中使用默认设置并单击"下一步"按钮。

STEP04 在"确认安装所选内容"界面中,单击"安装"按钮进行安装。

STEP05 安装完成后,在"安装进度"界面提示"Active Directory 域服务"安装成功,并提示"将此服务器提升为域控制器",如图 10-9 所示。

👤 小提示

如果在图 10-9 所示窗口中直接单击"关闭"按钮,则之后要将其提升为域控制器,可以在"服务器管理器"面板中单击左侧的"AD DS"选项,之后单击"DC 中的 Active Directory 域服务所需的配置"右侧的"更多",如图 10-10 所示,之后单击"将此服务器提升为域控制器"选项。

图 10-9　Active Directory 域服务安装成功

图 10-10　以 AD DS 方式将此服务器提升为域服务器

STEP06 在"Active Directory 域服务配置向导"的"部署配置"界面选择"添加新林"单选按钮，设置根域名为"kiarui.cn"，如图 10-11 所示，单击"下一步"按钮。

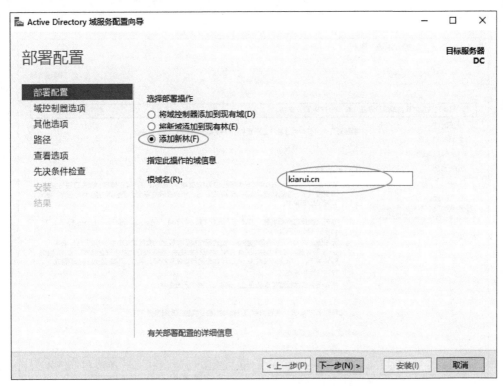

图 10-11 AD 域服务部署配置

STEP07 在"域控制器选项"界面设置"目录服务还原模式（DSRM）密码"（不是管理员登录密码），如图 10-12 所示，单击"下一步"按钮。

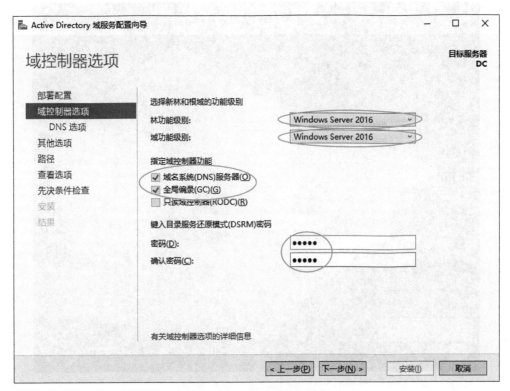

图 10-12 设置域控制器选项

STEP08 在接下来的界面中均使用默认设置，并单击"下一步"按钮。

STEP09 在"先决条件检查"界面中，如果所有先决条件检查都通过，则单击"安装"按钮，如图 10-13 所示。

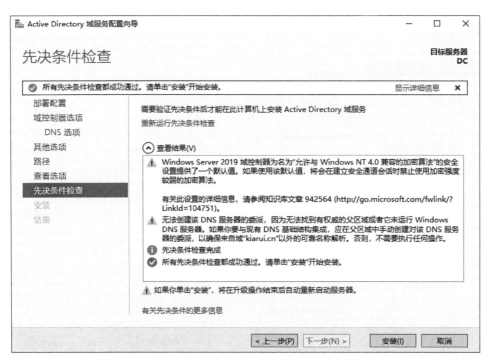

图 10-13　先决条件检查

STEP10 重新启动计算机，升级为 Active Directory 域控制器之后，必须使用域用户账户登录，格式为"域名\用户账户"，如图 10-14 所示。

图 10-14　使用域用户登录操作系统

任务 2　创建域用户、组、组织单位

Active Directory 域用户账户代表物理实体，如人员。管理员可以将用户账户用作某些应用程序的专用服务账户。用户账户也被称为安全主体。安全主体是指自动为其分配安全标识符（SID）的目录对象，这些对象可用于访问域资源。用户账户的主要作用如下：

1）验证用户的身份。用户可以使用能够通过域身份验证的身份登录计算机或域。每个登录到网络的用户都应该有自己唯一的账户和密码。为了最大限度地保证安全，要避免多个用户共享同一个账户。

2）授权或拒绝对域资源的访问。在验证用户身份之后，为该用户授予访问域资源的权限或拒绝该用户对域资源的访问。

一、域用户账户的创建与管理

STEP01 在"服务器管理器"界面的"工具"菜单下选择"Active Directory 用户和计算机"命令，打开"Active Directory 用户和计算机"窗口，在控制台下展开"kiarui.cn"域节点，右击"Users"容器，在弹出的菜单中依次选择"新建"→"用户"命令，如图 10-15 所示。

图 10-15　创建域用户

STEP02 在"新建对象 - 用户"对话框中输入用户姓名及用户登录名等相关信息，如图 10-16 所示。

STEP03 单击"下一步"按钮，打开设置用户密码窗口，为用户设置密码，如图 10-17 所示。

图 10-16　设置用户账户

图 10-17　设置用户密码

👤 小提示

用户属性设置参考"项目 2"的"用户属性"内容。

STEP04 单击"下一步"按钮，打开"新建对象 - 用户"完成提示窗口，如图 10-18 所示，单击"完成"按钮，完成域用户账户的创建。

图 10-18　完成创建域用户账户

二、域组账户的创建与配置

STEP01 "Active Directory 用户和计算机"窗口的控制台下展开"kiarui.cn"域节点，在 Users 容器上单击鼠标右键，依次选择"新建"→"组"命令，如图 10-19 所示。

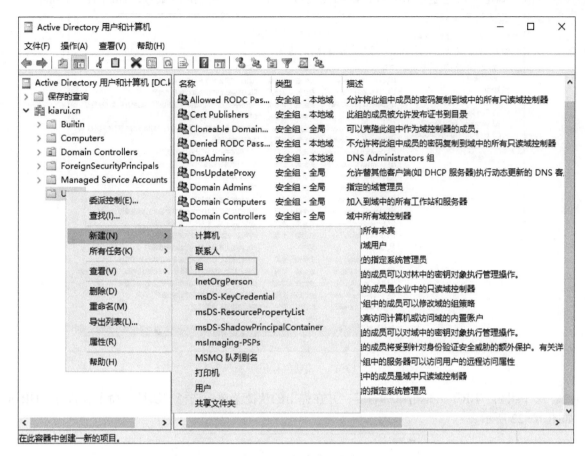

图 10-19　创建域组账户

STEP02 在"新建对象 - 组"对话框中设置组名，如图 10-20 所示。

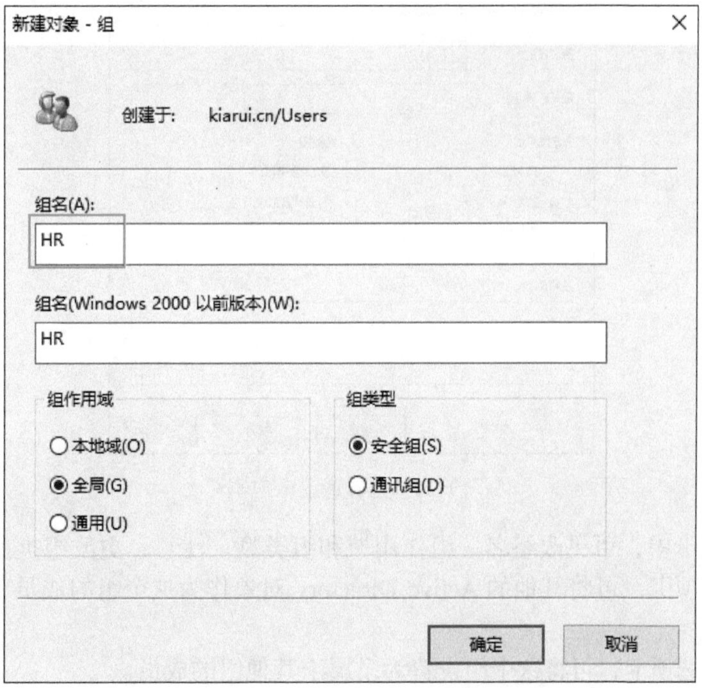

图 10-20　设置域组账户属性

STEP03 单击"确定"按钮创建组账号，返回控制台，可以看到新建的组账号，如图 10-21 所示。

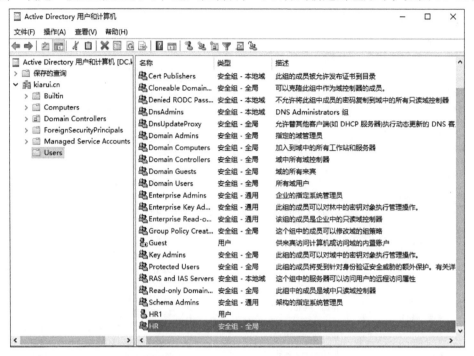

图 10-21　成功创建域组账户

STEP04 选中组名"HR"，单击鼠标右键，并在弹出的快捷菜单中选择"属性"命令，打开"HR 属性"窗口，如图 10-22 所示。

图 10-22　查看域组账户属性

1）在"常规"选项卡中，可更改组名、组作用域和组类型。注意，更改组类型会导致组的权限遗失。

2）选择"成员"选项卡，可将其他的 Active Directory 对象作为这个组的成员，这个成员将继承这个组的权限。

3）选择"隶属于"选项卡，可将这个组设置为隶属于其他组的成员。

4）选择"管理者"选项卡，可选择这个组的管理者。管理者可为该组更新成员。

完成设置后，分别单击"应用"和"确定"按钮后退出。

三、在活动目录中创建 OU

安装活动目录后，在"Active Directory 用户和计算机"控制台下只有一个 OU，即 Domain Controllers，其中有该域中充当域控制器角色的计算机账号。要想在域中使用组织单位进行资源管理，可以手工创建其他的 OU。

STEP 01 在"Active Directory 用户和计算机"控制台 kiarui.cn 域上单击鼠标右键，然后依次选择"新建"→"组织单位"命令，如图 10-23 所示。

图 10-23　创建组织单位

STEP 02 在"新建对象 - 组织单位"对话框的"名称"文本框中输入该组织单位的名称，如图 10-24 所示。

图 10-24　设置组织单位名称

STEP03 单击"确定"按钮，完成 OU 创建。返回控制台下，可以看到新建的 OU，即 CS 已经在域 kiarui.cn 下，如图 10-25 所示。

图 10-25　成功创建 OU

STEP04 在活动目录中，OU 是可以嵌套的，即在一个 OU 内还可以继续创建 OU。根据组织架构图，继续在控制台下右键单击已存在的 OU，依次选择"新建"→"组织单位"命令，指定新建 OU 的名称，即完成 OU 的嵌套。如图 10-26 所示，在组织单位"CS"下分别创建了 4 个部门子 OU。

图 10-26　创建部门 OU

四、将域用户、组加入组织单位

STEP01　打开 Active Directory 用户和计算机，依次单击"kiarui.cn"→"Users"，在右侧窗口中找到用户 HR1，在 HR1 上单击鼠标右键，在菜单中选择"添加到组"，如图 10-27 所示。

图 10-27　将用户添加到组

STEP02　在打开的窗口中输入组名"HR"，单击窗口右侧的"检查名称"，如图 10-28 所示，单击确定按钮，完成将用户添加到组操作。

STEP03　将用户添加到组后还需要检查其结果，有两种检查方法，一是在右侧窗口中找到组"HR"，在组"HR"上单击鼠标右键，在弹出的快捷菜单中选择"属性"命令，在"HR 属性"窗口中单击"成员"标签，查看组成员，如图 10-29 所示。二是在用户账户"HR1"上单击鼠标右键，在弹出的快捷菜单中选择"属性"命令，在"HR1 属性"窗口中单击"隶属于"标签，查看隶属于哪些组，如图 10-30 所示。

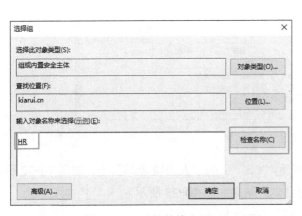

图 10-28　选择并检查组

图 10-29　查看域组成员

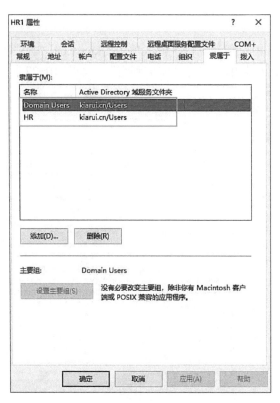

图 10-30　查看所属组

STEP04 在用户"HR1"上单击鼠标右键，在菜单中选择"移动"，在打开的窗口中选择"CS"下的"人力资源部"，如图 10-31 所示。

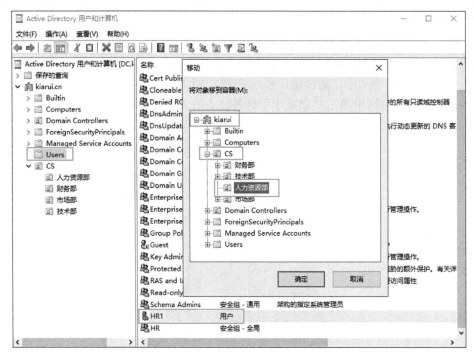

图 10-31　将用户移动到组织单元

STEP05 单击"确定"，将用户"HR1"移动到组织单元"CS"下的"人力资源部"中，如图 10-32 所示。

STEP06 组的移动方法跟用户的移动方法一样，移动完成的结果如图 10-33 所示。

STEP07 移动后的用户和组的隶属关系不发生变化，如图 10-34 所示。

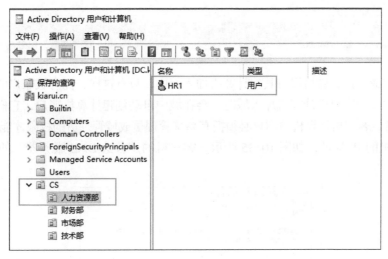

图 10-32   HR1 用户移动到人力资源部

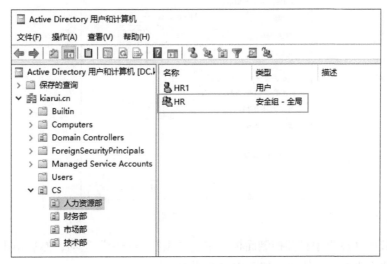

图 10-33   组移动到人力资源部

图 10-34   移动后的用户和组隶属关系

任务3 计算机加入域

当域控制器安装完成之后，就可以将其他计算机加入域中，只有这样，拥有域账户的用户才能在已加入域的计算机上登录到域中。当客户机计算机加入域时，会在域中自动创建计算机账户，它们位于活动目录中，由管理员进行管理。不过，客户机计算机的用户必须拥有系统管理员或域管理员的权限才能将计算机加入域中。

STEP01 设置客户机的 IP 地址，如图 10-35 所示。客户机的"首选 DNS 服务器"的 IP 地址须配置为 DC的 IP 地址。

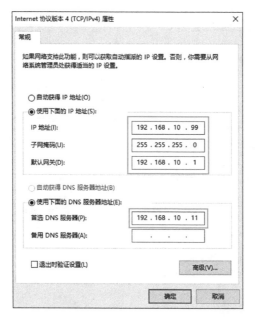

图 10-35　配置客户机 IP 地址

STEP02 在要加入域的计算机中打开控制面板，单击"系统和安全"选项，然后单击"系统"，在弹出的"系统"窗口中找到"更改设置"按钮，如图 10-36 所示。

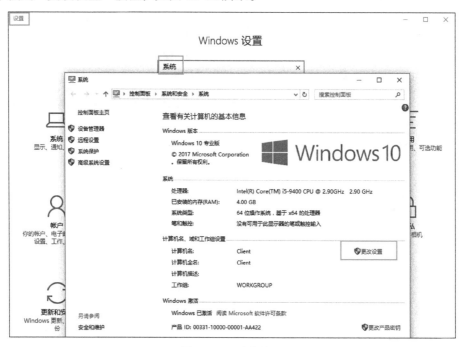

图 10-36　更改设置

STEP03 在"系统属性"属性对话框中的"计算机名"选项卡下，单击"更改"按钮，如图 10-37 所示。

图 10-37　"计算机名"选项卡

STEP04 在"计算机名/域更改"对话框的"隶属于"选项区域中选中"域"单选按钮，在空白处输入要加入的域名称 kiarui.cn，如图 10-38 所示，单击"确定"按钮。

图 10-38　指定客户机要加入的域

👤 小提示

如果在加入域的过程中出现如图 10-39 所示的出错提示，应首先检查域控制器是否配置为静态 IP 地址，

是否配置了 DNS，再检查客户机的 IP 地址是否为静态 IP 地址，是否配置了网关和 DNS 且 DNS 为域控制器的 IP 地址。

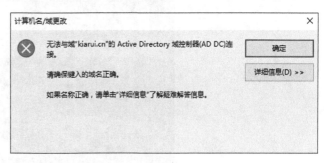

图 10-39　无法连接域控制器

STEP05 如图 10-40 所示，在"Windows 安全性"对话框中输入有加入该域权限的用户名称和密码，如果是普通用户，在"Active Directory 用户和计算机"中添加用户后，需要为该用户设置委派控制。

图 10-40　输入有加入该域权限的用户名称和密码

STEP06 单击"确定"按钮，域服务器将进行身份验证。身份验证成功后出现如图 10-41 所示的窗口，显示计算机加入域的操作成功。

图 10-41　成功加入域

STEP07 单击"确定"按钮，系统将提示需要重新启动，如图 10-42 所示。

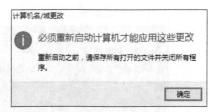

图 10-42　重新启动计算机提示

STEP08 重启计算机后，出现登录界面，选择其

他用户，在用户名编辑框中输入 DC 上的用户 HR1 以及其密码，单击右侧的"提交"箭头，按钮如图 10-43 所示。

图 10-43　使用域用户登录到域

项目小结

本项目主要介绍了目录与活动目录、活动目录架构等内容。目录是存储网络上对象信息的分层结构。Windows Server 2019 使用的 Active Directory（活动目录）是一种目录服务，它以逻辑层次组织信息，便于用户和管理员访问。活动目录的对象包括共享资源，如服务器、卷、打印机以及用户和计算机账户。它还包含架构规则，定义对象类型和属性，以及全局编录，用于查找目录信息。

活动目录架构是由规则组成，它定义了所有可能的对象类和属性。对象类指定可创建的对象类型，如组织单位；对象属性定义对象的标识信息，如用户的登录名和电话号码。创建对象时需遵循这些规则，修改架构表即可扩展。整个目录林采用单一架构，确保网络资源的一致性管理。

项目拓展

一、PowerShell 方式安装 Active Directory 域服务

在"Windows PowerShell"窗口中执行"Install-WindowsFeature -name AD-Domain-Services -IncludeMana gementTools"安装活动目录命令，系统收集数据后，开始安装活动目录服务，如图 10-44 所示。

图 10-44　PowerShell 方式安装活动目录服务器

二、PowerShell 方式删除活动目录服务

在"Windows PowerShell"窗口中执行"Remove-WindowsFeature -name 活动目录"或"Uninstall-WindowsFeature-name 活动目录"删除活动目录命令，如图 10-45 所示，删除活动目录服务后出现警告信息：必须重新启动服务器才能完成删除过程。

以下两个命令均可实现活动目录和管理工具的删除：

Uninstall-WindowsFeature -name AD-Domain-Services -IncludeManagementTools

Remove-WindowsFeature -name AD-Domain-Services -IncludeManagementTools

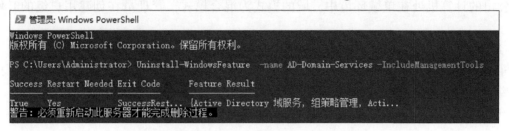

图 10-45　PowerShell 方式删除活动目录服务

一、选择题

1. 安装 Active Directory 需要具备一定的条件，以下选项中的（　　　）不满足操作系统版本的要求。

　　A．Windows Server 2019 Datacenter Edition　　　B．Windows Server 2019 Essentials Edition

　　C．Windows Server 2019 Standard Edition　　　　D．Windows Server 2019 Web Edition

2. 将一台 Windows 系统的计算机安装为域控制器时，以下条件中的（　　　）不是必需的。

　　A．安装者必须具有本地管理员权限　　　　　　B．本地磁盘至少有一个分区是 NTFS

　　C．操作系统必须是 Windows Server 2019　　　D．有相应的 DNS 服务器支持

3. 公司为门市部新购买了一批计算机，门市部的员工经常不固定地使用计算机，现希望他们在任何一台计算机上登录都可以保持自己的桌面不变，可以通过（　　　）来实现此功能。

　　A．将所有的计算机加入工作组，为每个员工创建用户账户和本地配置文件

　　B．将所有的计算机加入工作组，然后在工作组中创建用户账户并配置漫游配置文件

　　C．将所有计算机加入域，在域中为每个员工创建一个用户账户和本地配置文件

　　D．将所有计算机加入域，为每个员工创建一个域用户账户并使用漫游配置文件

4. 公司的计算机处在单域的环境中，你是域的管理员，公司有两个部门，分别是销售部和市场部，每个部门在活动目录中有一个相应的 OU（组织单位），分别是 SALES 和 MARKET。有一个用户 TOM 要从市场部转到销售部工作。TOM 的账户原来存放在组织单位 MARKET 里，如果想将 TOM 的账户存放到组织单位 SALES 里，应该通过（　　　）来实现。

　　A．在组织单位 MARKET 里将 TOM 的账户删除，然后在组织单位 SALES 里新建

　　B．将 TOM 使用的计算机重新加入域

　　C．复制 TOM 的账户到组织单位里，然后将 MARKBT 里 TOM 的账户删除

　　D．直接将 TOM 的账户移动到组织单位 SALES 里

5. Windows Server 2019 计算机的管理员有禁用账户的权限。当一个用户在一段时间内不使用账户时（可能是休假等原因），管理员可以禁用该用户账户。下列关于禁用用户账户的叙述正确的是（　　　）。

　　A．Administrator 账户不可以被禁用

　　B．Administrator 账户可以禁用自己，所以在禁用自己之前应该先至少创建一个 Administrators 组的账户

    C．禁用的账户过一段时间会自动启用

    D．以上都不对

6．关于域组的概念，下列描述正确的是（　　　）。

    A．全局组只能将同一域内的用户加入全局组

    B．通用组可以包含本地域组

    C．本地域组的用户可以访问所有域的资源

    D．本地域组可以包含其他域的本地域组

7．某公司的计算机处在单域环境中，域的模式为混合模式，管理员在创建用户组的时候，不能创建（　　　）。

    A．通用组　　　　　　　B．本地域组　　　　　C．安全组　　　　　D．全局组

8．公司最近安装了 Exchange Server 2019，网络管理员小张为每个用户账户创建了邮箱，为了方便管理，他希望创建组来专门发送电子邮件，那么他应该创建（　　　）。

    A．通用组　　　　　　　B．本地域组　　　　　C．安全组　　　　　D．全局组

二、简答题

1．组和组织单位有何区别？

2．组的特征体现在用来标识组在域树或域目录林中的应用程度的作用域，三个组的作用域分别是什么？简述各自的作用。

3．如果要新建、移动或删除组织单位，需要具有什么用户权限？简述组织单位的作用。

项目 11

组策略的配置与管理

学习目标

知识目标

- ○ 理解组策略的基本概念。
- ○ 理解组策略设置的类型。
- ○ 理解组策略对象和活动目录容器。
- ○ 熟悉针对计算机和用户的组策略设置。
- ○ 掌握配置和使用组策略。

技能目标

- ○ 能够配置和使用组策略。
- ○ 能够使用 GPMC 工具。
- ○ 能够解决组策略冲突。
- ○ 能够对组策略进行监视和排错。
- ○ 能够进行组策略的安全性管理。

素养目标

- ○ 培养认真细致的工作态度和工作作风。
- ○ 增强信息安全意识，提高策略服务器的可靠性。
- ○ 增强服务意识，为用户方便使用网络提供技术支持。

项目描述

　　KIARUI 科技有限公司的内部网络已经基本搭建完成并已联入 Internet。现阶段，部分管理工作都可以在基于工作组模式的网络环境中实现。但是，随着公司业务发展迅猛、人员激增，各类资源也大量增加，网络安全隐患越来越多。在大量用户访问资源时，需要保证网络安全，能够关闭相关服务、设置账户策略、设置软件限制策略等。通过配置组策略来解决这些问题，根据客户需要设置账户策略、设置软件限制策略等，从而有效地实现组策略管理，保证网络的安全。

一、组策略概述

组策略是 Windows 的一个特性，可以控制用户账户和计算机账户的工作环境。组策略提供了操作系统、应用程序和活动目录中用户的集中化管理和配置功能。

1. 组策略简介

策略（Policy）是 Windows 中一种自动配置桌面设置的机制，而组策略（Group Policy）就是基于组的策略。它以 Windows 中的一个 MMC 管理单元的形式存在，可以帮助系统管理员针对整个计算机或是特定用户设置多种配置，包括桌面配置和安全配置。

组策略在部分意义上用于控制用户在计算机上的操作行为。例如，实施密码复杂性策略用于避免用户设置过于简单的密码；允许或阻止身份不明的用户从远程计算机连接到网络共享；阻止访问 Windows 任务管理器或限制访问特定文件夹，可以为特定用户或用户组定制可用的程序、桌面上的内容及"开始"菜单等，也可以在整个计算机范围内创建特殊的桌面配置等。简言之，组策略是 Windows 中的一套系统更改和配置管理工具的集合。

2. 组策略的执行顺序

要完成一组计算机的中央管理目标，计算机应该接收和执行组策略对象。驻留在单台计算机上的组策略对象仅适用于该台计算机。要应用一个组策略对象到一个计算机组，组策略需要依赖于活动目录进行分发。活动目录可以分发组策略对象到一个 Windows 域中的计算机。在默认情况下，系统每隔 90 分钟刷新一次组策略，随机偏移 30 分钟。在域控制器上，系统每隔 5 分钟刷新一次组策略。在刷新时，它会发现、获取和应用所有适用于这台计算机和已登录用户的组策略对象。某些设置（如自动化软件安装、驱动器映射、启动脚本或登录脚本）只在系统启动或用户登录时应用。用户可以从命令提示符窗口中使用 gpupdate 命令手动启动组策略刷新功能。

3. 组策略的主要功能

组策略所提供的主要功能如下：
- 账户策略的设定，如设定用户密码的长度、密码使用期限、账户锁定策略等。
- 本地策略的设定，如审核策略的设定、用户权限的指派、安全性的设定。
- 脚本（scripts）的设定，如"登录/注销""启动/关机"脚本的设定。
- 用户工作环境的设定，如隐藏用户桌面上所有的图标，删除"开始"菜单中的"运行/搜索/关机"等功能，在"开始"菜单中添加"注销"的功能等。
- 软件的安装与删除，用户登录或计算机启动时，自动为用户安装应用软件、自动修复应用软件或自动删除应用软件。
- 限制软件的运行，通过各种不同软件限制的规则，来限制域用户只能运行某些软件。
- 文件夹转移，例如，改变"我的文档""开始菜单"等文件夹的存储位置。
- 其他系统设定，例如，让所有的计算机都自动信任指定的 CA（Certificate Authoority）。

二、本地组策略

本地组策略（LocalGroup Policy，LGP 或 LocalGPO）是组策略的基础版本，它面向独立且非域的计算机，影响本地计算机的安全设置，可以应用到域计算机。图 11-1 所示为"本地组策略编辑器"窗口。

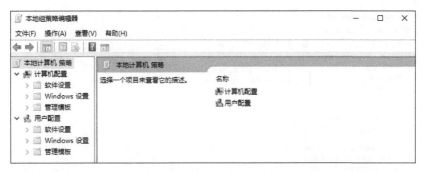

图 11-1 本地组策略编辑器

计算机配置指的是在 Windows 操作系统中，应用于计算机本身的设置。这些设置会影响计算机在登录过程中和操作过程中的行为，而与登录的用户无关。这些配置包括了各种安全设置、网络设置、软件安装等。

用户配置指的是应用于用户个人配置文件的设置，这些设置只适用于已登录的用户。

三、域环境中的组策略

1. 域环境中的组策略概述

组策略是 Active Directory 域服务中一个非常有价值的管理工具。通过使用组策略，管理员可以按照管理要求定义相应的策略，有选择地应用到 Active Directory 中的用户和计算机上。组策略的设置存储在域控制器的 GPO 中。管理员可以在站点、域中为整个公司设置组策略，从而集中地管理组策略，也可以在组织单位层次为每个部门设置组策略来实现组策略的分散管理。

组策略包括针对用户的组策略和针对计算机的组策略，可以使网络管理员实现用户和计算机的一对多管理的自动化。管理员使用组策略可以完成如下操作：

● 应用标准配置。
● 部署软件。
● 强制实施安全设置。
● 强制实施一致的桌面环境。

2. 组策略组件

（1）组策略对象

组策略对象（Group Policy Object，GPO）是组策略的载体，要想实现组策略管理，必须创建组策略对象。在活动目录中，可以把组策略对象应用于特定的目标，如站点、域和 OU 以实现组策略管理的目的。组策略对象的内容存储在 GPC 和 GPT 中。

（2）组策略容器

组策略容器（Group Policy Container，GPC）是包含 GPO 状态和版本信息的活动目录对象，一般存储在活动目录中。计算机使用 GPC 来定位组策略模板，而且域控制器可以访问 GPC 来获得 GPO 的版本信息。如果一台域控制器没有最新的 GPO 版本信息，那么就会引发为了获得最新 GPO 版本信息的活动目录复制。

在"Active Directory 用户和计算机"工具栏中选择"查看"菜单下的"高级功能"命令，然后依次打开"kiarui.cn"→"System"→"Policies"，可以查看 GPC 的信息，如图 11-2 所示。

（3）组策略模板

组策略模板（Group Policy Template，GPT）存储在域控制器上的 SYSVOL 共享文件夹中，用来提供所有的组策略设置和信息，包括管理模板、安全性、软件安装、脚本、文件夹重定向设置等。当创建一个 GPO 时，Windows Server 2019 创建相应的 GPT。客户机计算机能够接受组策略的配置就是因为它们和 DC 的 SYSVOL 文件夹链接，获得并应用这些设置。GPT 保存在 %systemroot%\SYSVOL\sysvol 文件夹下，如图 11-3 所示。

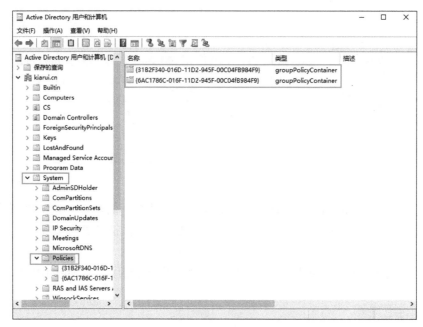

图 11-2　组策略容器

图 11-3　组策略模板

3. 域环境中默认的组策略

在域环境中有默认的组策略，见表 11-1。

表 11-1　域环境中默认的组策略

组策略	描述
默认域策略	此策略链接到域容器，并且影响该域中的所有对象
默认域控制器策略	此策略链接到域控制器容器，并且影响该容器中的对象

默认域策略 GPO 和默认域控制器策略 GPO 对于域的正常运行非常关键。作为最佳操作，管理员不应该编辑默认域策略 GPO 或默认域控制器策略 GPO，不过在下列情况下除外：

● 需要在默认域策略 GPO 中配置账户策略。

● 如果在域控制器上安装的应用程序需要修改用户权限或审核策略设置，则必须在默认域控制器策略 GPO 中修改策略设置。

4. 创建和编辑组策略对象

管理员可以使用组策略管理控制台（Group Policy Management Console，GPMC）来创建和编辑 GPO。需要注意的事项如下：

● 在创建 GPO 时，只有将其链接到 Active Directory 中的站点、域或组织单位时，该 GPO 才会对相应的目标生效。

- 在默认情况下，只有域管理员、企业管理员和组策略创建者所有者组的成员才能创建和编辑 GPO。
- 若要在 GPO 中编辑 IPSec 策略，则编辑账户必须是域 Administrators 组的成员。

5. 控制组策略对象的作用域

（1）链接组策略对象

若要将现有 GPO 链接到站点、域或组织单位，则管理员必须在该站点、域或组织单位上有链接 GPO 的权限。在默认情况下，只有域管理员和企业管理员对域和组织单位有此权限，林根域的企业管理员和域管理员对站点有此权限。若要创建和链接 GPO，则管理员必须对所需域或组织单位有链接 GPO 的权限，并且必须有权在域中创建 GPO。在默认情况下，只有域管理员、企业管理员和组策略创建者所有者组的成员有创建 GPO 的权限。

（2）阻止继承组策略对象

在设置组策略时，域管理员、企业管理员和组策略创建者可以阻止组策略对域或组织单位的继承，如果阻止继承组策略对象，则会阻止子层自动继承链接到更高层站点、域或组织单位的组策略对象。

6. 组策略设置原则

在给活动目录对象设置组策略时，应该遵循下面的原则：

- 除非特殊需要，否则不要使用阻止继承、禁止替代和 WMI 筛选器，因为这将使组策略应用变得非常复杂。如果必须使用，建议每次只使用一种。
- 尽量限制作用于任何计算机或用户的组策略的数目。组策略太多将使组策略应用变得复杂，在只有少量的组策略时，解决问题比较简单。
- 对组策略进行委派时，尽量限制管理组策略的管理员的数目，以免多个管理员同时对一个组策略进行设置。
- 当站点中有多个域时，尽量不要把组策略链接到站点上，这样将会增加网络的负担，而应该把组策略链接到站点中的每个域上。
- 在网络中部署组策略之前，首先做好规划并形成文档。

项目实施

为了给 KIARUI 科技有限公司部署活动目录服务器，公司信息中心网络管理员根据公司实际制订了一份活动目录部署规划方案，具体内容如下。

1）在长沙公司总部 DC 服务器（未安装域控制器之前）上配置本地安全策略，对密码、登录用户和 HR1 用户进行策略控制。

2）在长沙公司总部 DC 服务器上配置不同的组策略来管理账户策略、配置服务器组策略，以提高计算机的安全性。

3）公司域名规划。公司为主要的应用服务器做了域名规划，域名、IP 地址和服务器的映射关系见表 11-2。

表 11-2 域名、IP 地址和服务器映射表

服务器角色	计算机名称	IP 地址	域主机名	位置
域控制器	DC	192.168.10.11/24	DC.kiarui.cn	长沙
成员服务器	Server	192.168.10.98/24	Server.kiarui.cn	长沙
成员客户机	Client	192.168.10.99/24	Client.kiarui.cn	长沙

4）公司网络拓扑图如图 11-4 所示。

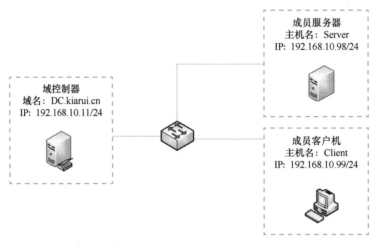

图 11-4　公司网络拓扑图

任务 1　配置本地安全策略

所有安全策略都是基于"计算机配置"的策略，本地计算机上的用户账户或登录计算机的域用户账户无关。Windows Server 2019 系统的安全机制更加完善，但默认情况下并未配置，因此起不到任何保护作用，必须根据需要启用并配置这些安全策略，以确保系统安全。

1. 配置密码策略

在本地策略中，账户的安全策略中的密码安全性是最受人关注的，本任务需要配置的密码策略要求见表 11-3。

表 11-3　密码策略配置要求

编号	配置点	配置参数
1	密码必须符合复杂性要求	—
2	密码长度最小值	9 位
3	密码最短使用期限	3 天
4	密码最长使用期限	45 天
5	强制密码历史	5 次
6	账户锁定时间	60 分钟
7	账户锁定阈值	2 次
8	重置账户锁定计数器	90 分钟

STEP01 在"服务器管理器"界面，依次选择"仪表板"→"工具"→"本地安全策略"，打开"本地安全策略"管理器。

STEP02 在"本地安全策略"窗口中，打开"密码必须符合复杂性要求"策略，本策略默认情况下已启用，如图 11-5 所示。

STEP03 打开"密码长度最小值"策略，将其值设置为"9"，如图 11-6 所示。

图 11-5　密码必须符合复杂性要求

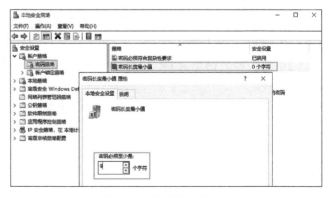

图 11-6　密码长度最小值

STEP04 打开"密码最短使用期限"策略，将其值设置为 3 天，如图 11-7 所示。

STEP05 打开"密码最长使用期限"策略，将其值设置为"45"，如图 11-8 所示。

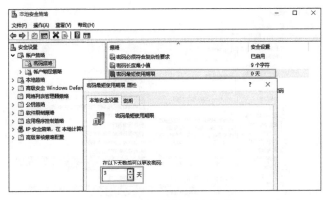

图 11-7　密码最短使用期限

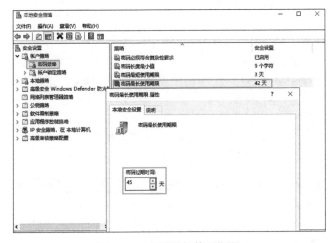

图 11-8　密码最长使用期限

STEP06 打开"强制密码历史"策略,将其值设置为"5",如图 11-9 所示。

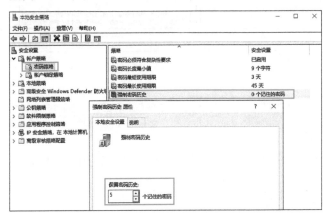

图 11-9　强制密码历史

STEP07 Windows Server 2019 独立服务器的默认值为 0,即永不锁定账户,域控制器默认是未配置的。当按 <Ctrl+Alt+Del> 组合键或使用密码保护的屏幕保护程序锁定计算机时,也将记录尝试失败。打开"账户锁定阈值"策略,将其值设置为"2",如图 11-10 所示。

在设置完成"账户锁定值"策略确定时,会建议将"账户锁定时间"设置为 30 分钟,"重置账户

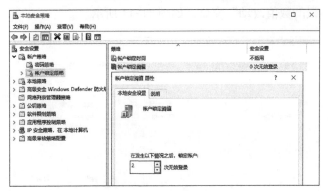

锁定计数器"设置为 30 分钟之后,如图 11-11 所示。

图 11-10　账户锁定阈值

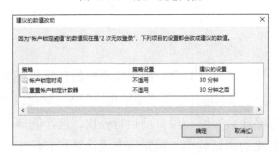

图 11-11　建议的数值改动

STEP08 打开"账户锁定时间"策略,将其值设置为"60",如图 11-12 所示。

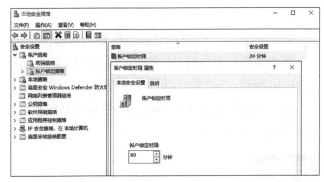

图 11-12　账户锁定时间

STEP09 打开"重置账户锁定计数器"策略,将其值设置为"90"分钟之后,如图 11-13 所示。

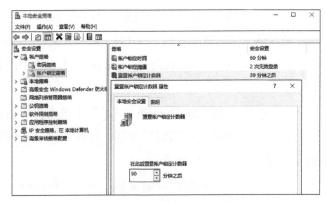

图 11-13　重置账户锁定计数器

同样的，在这里单击"确定"时也会弹出"建议的数值改动"窗口，如图11-14所示。

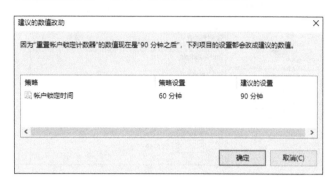

图11-14　建议的数值改动

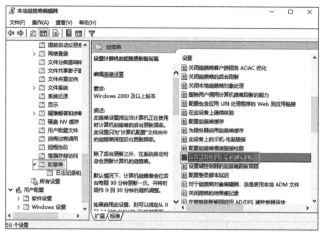

图11-15　本地组策略编辑器

2. 配置策略刷新

计算机启动时会应用组策略中的计算机配置，当用户登录时应用组策略中的用户配置。除此以外，组策略还会每隔一段自动运行一次，这个间隔称为组策略的刷新频率。刷新频率因计算机在域中的角色不同而不同。

STEP01　在"本地组策略编辑器"中依次打开"计算机配置"→"策略"→"管理模板"→"系统"→"组策略"，如图11-15所示。

STEP02　打开"设置计算机组策略刷新间隔"策略，可以根据需要分别设置刷新间隔和时间偏移，如图11-16所示。

STEP03　运行gpupdate/force命令强制刷新组策略，使配置的组策略生效。

图11-16　设置计算机组策略刷新间隔

任务2　赋予用户本地登录权限

默认情况下，在域管理器DC上是不允许普通用户登录的，但通过修改策略，可以让普通用户在域管理器上登录。

STEP01　以Administrator在DC上登录，在组策略管理器中依次展开"组策略管理"→"林：kiarui.cn"→"域"→"kiarui.cn"，找到"Default Domain Policy"，如图11-17所示。

STEP02　在"Default Domain Policy"上单击鼠标右键，在弹出的菜单中单击"编辑"命令，打开"组策略管理编辑器"窗口，如图11-18所示。

STEP03　在"组策略管理编辑器"窗口中依次打开"计算机配置"→"策略"→"Windows设置"→"安全设置"→

图11-17　组策略管理

"本地策略"→"用户权限分配"，在右边窗口中找到"允许本地登录"策略，如图 11-19 所示。

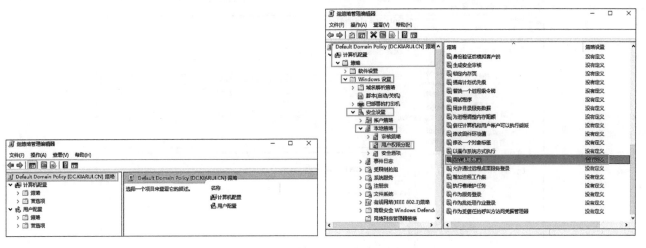

图 11-18　组策略管理编辑器　　　　　　　　　　　图 11-19　允许本地登录

STEP 04 打开"允许本地登录属性"对话框，可以看到默认情况下哪些账号可以在域控制器上登录。勾选"定义这些策略设置"，然后单击"添加用户或组"按钮，再单击"浏览"按钮，在出现的"添加用户或组"对话框中添加准备赋予本地登录权限的用户 HR1，然后单击"确定"按钮，如图 11-20 所示。

STEP 05 连续单击"确定"按钮，如图 11-21 所示，注意，在允许本地登录的用户或组中，必须要有管理员组，保存策略。

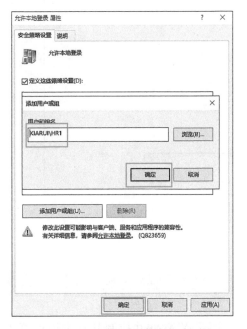

图 11-20　赋予 HR1 本地登录权限

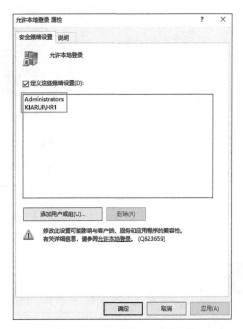

图 11-21　允许本地登录用户

STEP 06 单击确定后关闭"组策略管理编辑器"，回到"组策略管理"窗口，选中"Default Domain Policy"单击鼠标右键，在快捷窗口中选中"强制"，如图 11-22 所示。

STEP 07 在"Windows PowerShell"中使用"gpupdate.exe"命令更新组策略，更新完成后注销系统，再使用 HR1 账号登录域管理器 DC，发现可以成功登录，如图 11-23 所示。

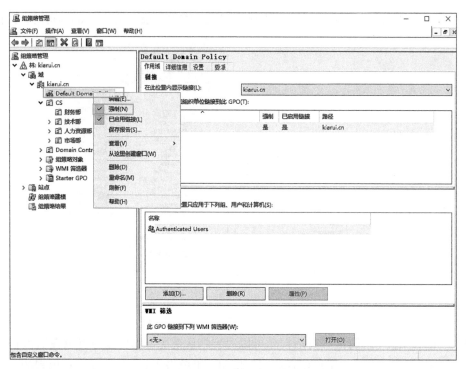

图 11-22 "强制"应用策略

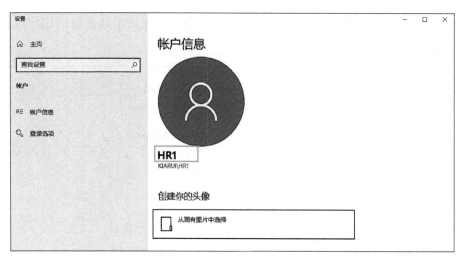

图 11-23 域用户登录域管理器

任务 3　设置软件限制策略

软件限制策略为管理员提供了一种组策略驱动机制，用于识别软件并控制其在本地计算机上运行的能力。

1. 软件限制策略的管理目的

1）控制软件在系统中的运行能力。例如，如果担心用户的邮件收到病毒，可以应用策略设置不允许某些文件类型在邮件程序的目录中运行。

2）允许用户在多用户计算机上仅运行特定文件。如果在计算机上有多个用户，可以设置这样的软件限制策略——除用户工作所需的特定文件外，他们不能访问任何软件。

3）控制软件限制策略是对所有用户生效，还是只对某些用户生效。

4）阻止任何文件在本地计算机、站点、域或组织单位中运行。如果系统中存在已知病毒，可以使用软件限制策略阻止计算机打开含有这些病毒的文件。

2. 软件限制策略的结构

在"组策略管理编辑器"中依次打开"用户配置"→"策略"→"Windows 设置"→"安全设置"，在"软件限制策略"上单击鼠标右键，在弹出的菜单中选择"创建软件限制策略"命令，然后选中"软件限制策略"，如图 11-24 所示。

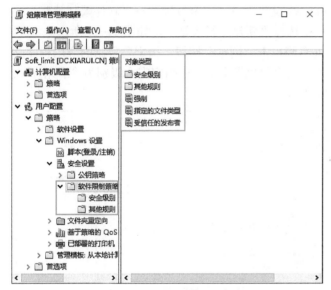

图 11-24 软件限制策略

在"安全级别"文件夹中可以看到不允许、基本用户和不受限三个选项。

1）不允许：无论用户的权限如何，都不允许运行软件。

2）基本用户：允许程序访问一般用户可以访问的资源，但没有管理员的访问权。

3）不受限：允许登录用户以完全权限运行软件。

默认的安全级别是"不受限"，如果要改变默认的安全级别，只要右键单击一个策略选项，然后选择"设置为默认"命令即可，如图 11-25 所示。

利用"其他规则"创建的策略可以不受默认安全级别的影响。例如，如果默认的安全级别为"不受限"，则可以相对于该默认安全级别创建一个哈希规则做出相反的动作，从而禁止某个软件程序运行。

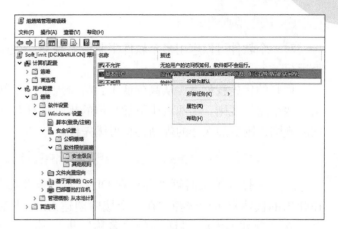

图 11-25 设置默认的安全级别

在"软件限制策略"子项中，右键单击"其他规则"，在弹出的快捷菜单中可以看到能够新建四种规则类型。

1）哈希规则：哈希规则将按照哈希算法对软件进行哈希运算，并生成一个唯一的哈希值。在用户打开该软件时，系统会将该程序的哈希值与软件限制策略中已有的哈希值进行比较，然后采取软件规则中指定的动作。一个软件无论它放在计算机上的任何位置，其哈希值总是一样的。当软件被重命名时，其哈希值不会改变，但是只要软件的内容发生了任何细微的改变，其哈希值都会更改，因此将不再受软件限制策略的影响。例如，为了防止用户运行某个软件，可以创建一个哈希规则指定该软件，并把安全级别设置为"不允许"。

2）证书规则：证书规则使用签名证书来标识软件，然后根据安全级别的设置决定是否允许软件运行。例如，可以用证书规则自动管理域中来自可信任源的软件，而无需提示用户。

3）路径规则：路径规则通过软件所在的路径对其进行标识。例如，如果计算机的默认安全级别为"不允许"，则通过创建路径规则并指定安全级别为"不受限"，可以授权用户不受限制地访问特定文件夹。

4）网络区域规则：网络区域规则只适用于 Windows Installer 软件包。区域规则可以标识那些来自 Internet 指定区域的软件。这些区域包括：Internet、Intranet、受限站点、信任站点以及本地计算机。例如，为了让用户都从 Intranet 来安装 Windows Installer 软件包，可以把系统默认的安全级别设置为"不允许"，然后创建一个 Internet 区域规则，指定 Intranet 区域，并把安全级别设置为"不受限"。

3. 熟悉规则的优先权

对一个软件可以应用多个软件限制策略规则，在这种情况下，将由具有最高优先权的规则来确定软件是否运行。

规则的优先权如下（从高到低）：哈希规则、证书规则、路径规则、网络区域规则。如果对同一对象应用了两个路径规则，则两者中更加具体的规则将具有优先权。另外，如果对软件设置了两个只是安全级别不同的规则，则更加保守的规则将获得优先权。

4. 为计算机配置路径规则，使某软件不能在计算机上运行

图 11-26 新建 GPO

STEP01 打开组策略管理器，在 OU "人力资源部"上单击鼠标右键，在弹出的快捷菜单中选择"在这个域中创建 GPO 并在此处链接（C）"命令，在"新建 GPO"对话框的"名称"框中输入名称"Soft_limit"，如图 11-26 所示。

STEP02 在 GPO "Soft_limit"上单击鼠标右键，在弹出的快捷菜单中选择"编辑"命令，在"组策略管理编辑器"中依次展开"用户配置"→"策略"→"Windows 设置"→"安全设置"→"软件限制策略"，右击"软件限制策略"下的"其他规则"，在弹出的菜单中选择"新建路径规则"，如图 11-27 所示。

STEP03 在"新建路径规则"对话框的"路径"文本框右侧单击"浏览"按钮，指定要限制的应用程序路径，如限制使用"C:\Windows\System32\calc.exe"软件，在"安全级别"文本框中指定安全级别为"不允许"，在"描述"文本框中输入此规则的描述信息，如图 11-28 所示。

图 11-27 新建软件限制策略

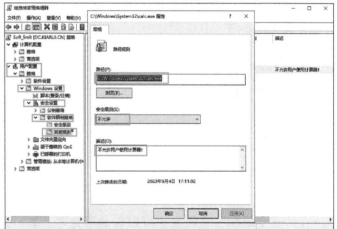

图 11-28 新建路径规则

STEP04 单击"确定"按钮，保存并应用策略，返回"组策略管理编辑器"，回到组策略管理器，在"人力资源部"中的 GPO "Soft_limit"上单击鼠标右键，在快捷菜单中选择"强制"，运行"gpupdate.exe"命令对策略进行刷新。

STEP05 在独立服务器或客户机上以 HR1 重新登录，打开"运行"窗口，在其中输入 C:\Windows\system32\calc.exe 命令，发现不能运行应用程序，弹出"系统管理员已阻止这个应用。"说明软件限制策略生效，如图 11-29 所示。

图 11-29 应用被策略阻止

由于操作系统版本和架构不同，有可能会导致路径不一致，从而使策略无法生效。

任务 4 批量自动安装客户机软件

网络管理员在布置域中的软件时，经常要在多台计算机上对软件进行安装、修复、卸载和升级操作。若在每台计算机上重复进行这些操作，工作量大且容易出错。利用组策略技术，则可自动将程序分发到客户机

计算机或用户，这种技术称为分发软件。分发软件的方式有指派和发布两种，见表 11-4。

表 11-4　两种分发软件的方式

方式	指派软件	发布软件
给计算机	计算机启动时，软件将自动安装到计算机的 Documents and Setting All Users 目录里	不能发布给计算机
给用户	用户在登录客户机时，应用程序将会被安装到系统中	不会自动安装软件本身，须由用户通过执行"控制面板"→"添加或删除程序"→"添加新程序"命令或者双击该软件的文档时，软件才真正安装

在分发软件前，要在存放分发软件的服务器上创建一个共享文件夹，并使域用户有共享及读取权限，将要分发的安装软件放入该文件夹中。

本任务采用指派软件的方式为域中的客户机分发搜狗拼音输入法，并且保证客户机的用户登录时能自行安装 sogou_pinyin.exe 软件。通过组策略只能够分发 msi 封装的程序安装包。对于 exe 封装的安装包，可使用 Advanced Installer、WinInstall 等工具把它们重新封装成 msi 格式的安装包。通常用户下载的软件是 .exe 的文件，因此必须先进行转换，而后才能进行发布。

STEP01 参考本项目的任务 3 创建一个用于分发软件的 GPO，设置该 GPO 的名称为"soft_distribution"，如图 11-30 所示。

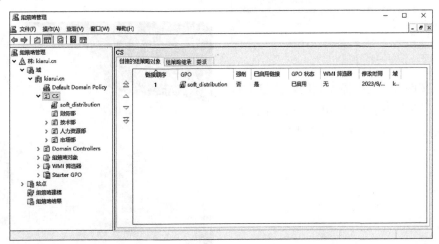

图 11-30　创建"soft_distribution"GPO

STEP02 编辑"soft_distribution"GPO，在"组策略管理编辑器"窗口中依次展开"用户配置"→"策略"→"软件设置"，在"软件安装"上单击鼠标右键，在弹出的快捷菜单中执行"新建"→"数据包"命令，如图 11-31 所示。

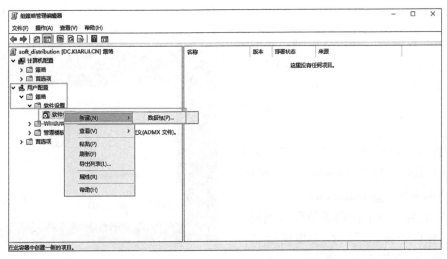

图 11-31　新建"数据包"

STEP03 在"打开"对话框的左窗格中单击"网络"节点，选择软件分发点所在的位置"soft_distribution"文件夹，如图11-32所示。

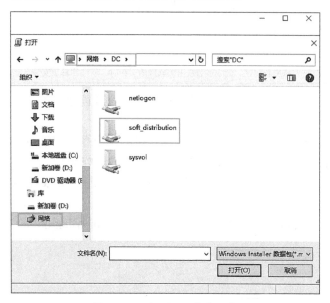

图 11-32　打开 DC 共享文件

STEP04 打开该文件夹后选择需安装的软件包（如sogou_pinyin.msi），单击"打开"按钮，在打开的"部署软件"对话框中选择"已分配"单选按钮，然后单击"确定"按钮，如图11-33所示。

图 11-33　MSI 软件部署

STEP05 返回策略控制台，双击选中刚新建的数据包条目"sogou_pinyin"，打开"sogou_pinyin属性"窗口，单击"部署"选项卡，勾选"在登录时安装此应用程序"复选框，如图11-34所示，单击"确定"按钮完成设置。

STEP06 返回到组策略管理器，右击GPO"soft_distribution"，选择"强制"，打开"Windows PowerShell"执行强制刷新组策略命令"gpupdate/force"。

STEP07 在域中的客户机上注销重新登录到域，当客户机登录时会自动弹出"正在安装托管软件sogou_pinyin"的提示，如图11-35所示。

图 11-34　设置软件在登录时安装

图 11-35　安装托管软件

STEP08 接下来系统会自动运行安装文件，并出现安装界面，如图11-36所示。此时，用户只需要按提示进行安装即可。

图 11-36　软件安装界面

项目小结

本项目主要介绍了组策略的配置与管理。组策略是 Windows Server 2019 系统中一种强大的管理工具，可以用于控制和管理用户和计算机。本项目首先解释了组策略的概念和作用，并详细介绍了组策略的组成部分，包括策略对象、策略设置和策略继承。然后，通过实例演示了如何创建、修改和删除组策略，以及如何将组策略应用到指定的用户或计算机上。此外，还介绍了如何使用组策略来限制或允许用户对特定文件或文件夹的访问，以及如何设置组策略以控制用户对网络资源的访问。

项目拓展

一、限制可移动存储设备使用

通过在所有客户机计算机上部署硬件设备安装限制安全策略，可以阻止用户随便在计算机上安装任何硬件设备，从而导致不必要的系统安全问题。例如，通过限制使用 U 盘等可移动存储设备，不仅可以阻止部分病毒的传播，还可以避免重要的信息失窃。

STEP01 在"本地组策略编辑器"窗口中依次展开"计算机配置"→"管理模板"→"系统"→"设备安装"→"可移动存储访问"，打开如图 11-37 所示的窗口。

STEP02 在窗口右侧双击"所有可移动存储类：拒绝所有权限"策略，在打开的窗口中选中"已启用"按钮并单击确定，如图 11-38 所示。

图 11-37　可移动存储访问　　　　　　　　图 11-38　启用"拒绝所有权限"

STEP03 使用 gpupdate 命令刷新组策略，让刚配置的策略生效。

STEP04 策略更新后，依然可以在系统中看到相应的磁盘，但是，已经无法正常访问了，如图 11-39 所示。

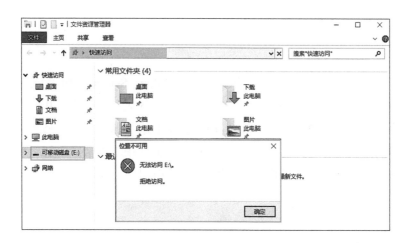

图 11-39　无法访问 U 盘

二、常用安全策略配置

在企业或学校等组织中，为了保障网络安全和提高工作效率，往往需要限制员工或学生对桌面、系统时间的修改，以及使用 IE 的"另存为"功能、"添加 / 删除程序"功能等。

STEP01 在"组策略管理"窗口中依次打开"林：kiarui.cn"→"域"→"kiarui.cn"→"CS"，在"人力资源部"上单击鼠标右键，在弹出的菜单中选中"在这个域中创建 GPO 并在此处链接（C）…"，新建 GPO "deny_modify"，如图 11-40 所示。

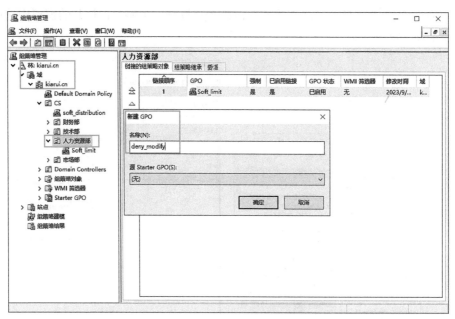

图 11-40　新建 GPO"deny_modify"

STEP02 编辑"deny_modify"，依次打开"deny_modify [DC.KIARUI.CN] 策略"→"用户配置"→"策略"→"Windows 设置"→"管理模板：从本地计算机中检索的策略定义（ADMX 文件）。"→"控制面板"→"个性化"，在右侧窗口中找到"阻止更改桌面背景"并打开，选择"已启用"单选按钮，如图 11-41 所示。

STEP03 单击"确定"按钮，返回"组策略管理编辑器"，再回到"组策略管理"窗口，右键单击 GPO "deny_modify"，选择"强制"。

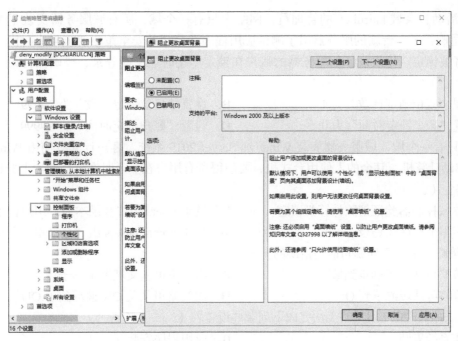

图 11-41　阻止更改桌面背景

STEP04 运行 "gpupdate.exe/force" 命令，对刚添加的策略进行刷新。打开独立服务器 "Server" 主机，注销当前用户，使用人力资源部中的用户重新登录操作系统，在桌面上单击右键，在菜单中选择 "个性化"，发现背景中的所有窗口都变为灰色，相关配置已经无法修改，如图 11-42 所示。

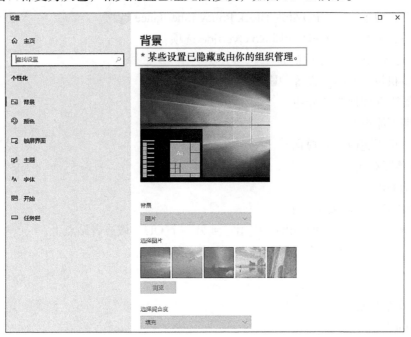

图 11-42　禁止修改桌面背景

练习

一、选择题

1. 组策略对象包括（　　　）。

　　A. 站点　　　　　　　　　B. 域　　　　　　　　　C. OU　　　　　　　　D. 计算机配置

2. 若你是活动目录域 kairui.cn 的管理员，网络中只有一个域，所有域服务器安装了 Windows Server 2019 系统。公司购买了一台新的服务器用于测试应用程序。公司的安全策略要求半小时内三次使用错误密码登录，账户将被锁定。你发现新的服务器的账户在锁定半小时后又能登录，要确保公司的安全策略，应当如何做？（   ）。

    A．设置"复位锁定计数"为 1　　　　　　　B．设置"复位锁定计数"为 99999

    C．设置"账户锁定时间"为 0　　　　　　　D．设置"账户锁定时间"为 99999

3. 网络中只有一个域，域服务器安装 Windows Server 2019 系统。客户计算机使用 Windows 10 系统，一些用户使用移动计算机，其余的人使用台式机，要使得所有用户在登录时在域控制器上验证，应当如何修改本地安全策略？（   ）。

    A．请求域控制器验证解除计算机锁定　　　B．授予 Users 组"登录本地"用户权限

    C．缓存零个对话式登录　　　　　　　　　D．授予 domain users 组"登录本地"用户权限

4. 关于组策略继承，下列哪句话是错误的？（   ）。

    A．组策略可从站点继承到域　　　　　　　B．组策略可从父域继承到子域

    C．组策略可从域继承到 OU　　　　　　　D．组策略可从父 OU 继承到子 OU

5. Windows Server 2019 组策略无法完成下列哪些设置？（   ）。

    A．操作系统安装　　　　　　　　　　　　B．应用程序安装

    C．控制面板　　　　　　　　　　　　　　D．操作系统版本更新

6. 当有几个 GPO 被链接到一个对象上时，处理的顺序是什么？（   ）。

    A．自底而上。

    B．自顶而下。

    C．自顶而下，为每一个 GPO 处理 Block Policy Inheritance 选项。

    D．自顶而下，为每一个 GPO 处理 No Override 选项。

7. 以下有关组策略的刷新，正确的是（   ）。

    A．缺省计算机设置和用户设置的刷新周期为 30 分钟

    B．域控制器刷新周期为 5 分钟

    C．刷新周期不能更改

    D．刷新周期可以更改，越短越好

8. 你为什么要链接 GPO？（   ）。

    A．为了激活 GPO。

    B．应用 GPO 到正确的安全组上。

    C．为了重新使用一个已有的 GPO，应用它到另一个 OU、域或者站点上。

    D．因为域和站点可以有只应用到它们上的预定义的 GPO。

二、简答题

1. 什么是本地安全策略？

2. 简述组策略的概念。

3. 提高 Windows Server 2019 的安全性可以从哪些方面着手？

4. 简述 Windows Server 2019 中关于用户账户管理的本地安全策略。

项目 12

路由与远程服务的配置与管理

学习目标

知识目标

- 掌握路由与路由器的基本概念。
- 熟悉路由表和路由条目的概念。
- 了解静态和动态路由协议。
- 熟悉 NAT 的技术分类及工作过程。
- 理解 VPN 的工作过程。

技能目标

- 掌握配置静态路由的方法。
- 掌握配置 RIP 路由的方法。
- 掌握 NAT 服务的配置方法。
- 掌握配置 VPN 服务器的方法。

素养目标

- 了解 IPv4 存在的问题与 IPv6 的应用前景。
- 增强信息安全意识，提高 VPN 服务器的可靠性。
- 增强服务意识，为用户方便使用网络提供技术支持。

项目描述

在现代化高质量发展的时代环境下，KIARUI 科技有限公司的业务规模也不断扩大，公司的内部网络已经基本搭建完成并已联入 Internet，越来越多的员工也有了远程办公的需求。如果直接向网络运营商租用专线会导致成本太高，因此公司购置了几台服务器，用于打通公司内部网络，使员工能通过远程连接方式访问公司内部资源。

一、路由与路由器

路由（Routing）是指数据信息（数据包）从信源（产生信息的实体设备）通过网络传递到信宿（接收信息的实体设备）的行为和动作。在数据包的传递过程中，以太网交换机工作在 OSI 参考模型的数据链路层（第 2 层），用于在同一网络中的设备之间数据信息的转发。当数据包要在不同的网络之间进行传输时，需要使用路由器进行数据的转发。路由器工作在 OSI 参考模型的网络层（第 3 层），通过转发数据包实现网络互连。在如图 12-1 所示的网络环境中，主机 1 和主机 2 进行通信时，就要经过中间路由器，当这两台主机之间存在多条链路时，就要进行链路选择实现数据包的转发，如数据包是沿着 R1 → R2 → R4 还是沿着 R1 → R3 → R4 的路径进行转发。

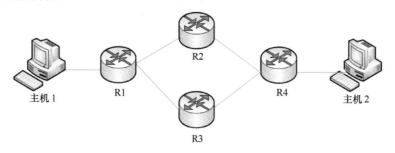

图 12-1　主机 1 到主机 2 的路径选择

路由器（Router）又称为网关设备，是连接两个或多个网络的硬件设备，在网络间起网关的作用，是读取每一个数据包中的地址然后决定如何传送的专用智能性的网络设备。路由器也可以由软件来实现，用软件实现的路由器也称为主机路由器或软件路由器。路由器把计算机网络划分为逻辑上分开的子网，不同子网间用户的通信必须通过路由器。路由器收到一个子网发送的数据包后，根据数据包的相关信息决定从哪个接口把数据转发出去，实现信息的传递。

二、路由表简介

路由表（Routing Table）也称为路由择域信息库（Routing Information Base，RIB），是存储在路由器或者联网计算机中反映网络结构的数据集，由很多称为路由条目的表项组成。每个路由条目一般包括网络目标、网络掩码、网关（下一跳地址）、接口、跃点数等字段。图 12-2 展示了两台路由器的路由表信息。

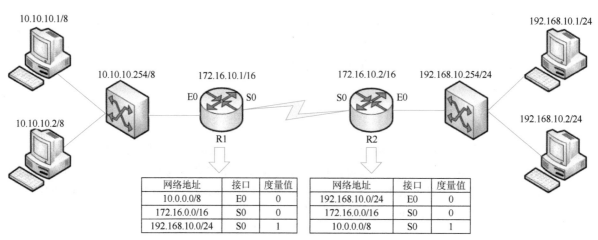

网络地址	接口	度量值
10.0.0.0/8	E0	0
172.16.0.0/16	S0	0
192.168.10.0/24	S0	1

网络地址	接口	度量值
192.168.10.0/24	E0	0
172.16.0.0/16	S0	0
10.0.0.0/8	S0	1

图 12-2　路由器中的路由表

当路由器收到数据包时，首先检查数据包里的网络目标是否包含在路由表中，如果是，就根据相应的接口和下一跳地址将数据包进行转发，否则就交给默认网关处理。路由表对于路由器确定数据包的转发路径非常重要，而路径的选择可以通过路由选择协议静态配置或动态获得。

三、路由的类型

路由通常可以分为静态路由、默认路由和动态路由三种。在网络中，动态路由通常作为静态路由的补充。当一个分组在路由器中进行寻径时，路由器首先查找静态路由，如果查到，则根据相应的静态路由转发分组，否则再查找动态路由。

1. 静态路由

静态路由（Static Routing）是由网络管理员手动配置的，路由器之间不需要相互交换路由信息，网络安全保密性高。在配置时，必须指出从源地址到目标地址的路径。静态路由主要用于网络规模不大、拓扑结构相对稳定的网络中，当网络拓扑结构和链路状态发生变化时，路由器中的静态路由信息需要大范围进行调整，增加了工作的难度和复杂度。当网络发生变化或网络发生故障时，不能重选路由，路由器只能根据原来的路由信息转发信息，容易造成路由失败。

2. 默认路由

默认路由（Default Route）是一种特殊的静态路由，也是由网络管理员手动配置的，主要是为那些在路由表中没有找到明确匹配的路由信息的数据包指定下一跳地址。主机里的默认路由一般就是默认网关。

3. 动态路由

动态路由是指在路由器上运行某种路由协议，使用该路由协议能够自动地建立路由表，并且每台路由器能够根据自身及其他路由器的路由信息适时对路由表进行调整。动态路由的运作机制依赖路由器的两个基本功能：路由信息的交换、维护路由表。即当网络拓扑结构发生变化时，路由器彼此之间能通过交换路由信息获知这些变化，并重新计算和生成路由条目，基本不需要网络管理员参与。

四、路由协议

路由协议（Routing Protocol）是运行在路由器上用于确定合适的路径来实现数据包转发的网上协议。在小规模网络中，由网络管理员配置静态路由的工作压力比较小，但在大规模网络中，如果通过人工指定静态路由，将会给网络管理员带来巨大的工作量，并且在管理与维护路由表时变得十分困难。动态路由协议可以让路由器自动学习到其他路由器的网络，并且网络拓扑发生改变会自动更新路由表，网络管理员只需要配置动态路由协议，大大减少工作量。常见的路由协议包括 RIP、OSPF、IS-IS 等。

1. RIP 路由协议

RIP（Routing Information Protocol）路由协议也叫路由信息协议，它是一个距离矢量路由协议，最大跳数为 15 跳，超过 15 跳的网络则认为目标网络不可达，因此 RIP 协议一般用于网络架构比较简单的小型网络环境。RIP 协议每隔 30 秒广播一次路由表，用来维护相邻路由器的位置关系，同时根据收到的路由表信息计算并更新本身的路由表信息，这也是造成网络广播风暴的原因之一。

2. OSPF 路由协议

OSPF（Open Shortest Path First）协议也叫开放式最短路径优先协议，属于链路状态路由协议。RIP 用来确定最佳路由的唯一度量参数是跳数，而在拥有速度各异且有多条路径的大型网络中无法很好地扩展，因此开发了 OSPF 协议。OSPF 与 RIP 相比，既能快速收敛，又能扩展到更大型的网络。OSPF 提出了"区域（area）"的概念，每个区域中所有路由器维护着一个相同的链路状态数据库（LSDB），以此对路由更新流量实施控制。链路指的是路由器上的接口，也指两台路由器间直连的网段，或者末节网络。有关各条链路的状态的信息称为链路状态，包含网络前缀、前缀长度和开销等内容。

3. IS-IS 路由协议

IS-IS（Intermediate System to Intermediate System）也叫中间系统到中间系统协议，是一种内部网关协议，同时也属于链路状态路由协议。与 OSPF 相同，IS-IS 也使用了"区域"的概念，同样维护着一份链路状态数据库，通过最短通路优先（Shortest Path First，SPF）算法计算出最佳路径。

五、NAT 简介

网络地址转换器（Network Address Translation，NAT）是一种地址转换技术，用于缓解 IPv4 公网地址枯竭的问题。NAT 技术主要用于实现内部网络（简称内网，使用私有 IP 地址）访问外部网络（简称外网，使用公有 IP 地址）的功能。当内网的主机要访问外网时，通过 NAT 技术可以将其内网地址转换为公网地址，从而实现多个内网用户共用一个公网地址来访问外部网络，这样既可保证网络互通，又节省了公网地址。

NAT 技术的实现有三种方式：静态转换（Static NAT）、动态转换（Dynamic NAT）、端口多路复用（Port Address Translation，PAT）。

● 静态转换是指将内部网络的私有 IP 地址转换为公有 IP 地址，IP 地址是一对一的，是一成不变的，某个私有 IP 地址只转换为某个公有 IP 地址。借助于静态转换，可以实现外部网络对内部网络中某些特定设备（如服务器）的访问。

● 动态转换是指将内部网络的私有 IP 地址转换为公用 IP 地址时，IP 地址是不确定的，是随机的，所有被授权访问上 Internet 的私有 IP 地址可随机转换为任何指定的合法 IP 地址。即只要指定哪些内部地址可以进行转换，以及用哪些合法地址作为外部地址时，就可以进行动态转换。动态转换可以使用多个合法外部地址集。当 ISP 提供的合法 IP 地址略少于网络内部的计算机数量时，可以采用动态转换的方式。

● 端口多路复用是指改变外出数据包的源端口并进行端口转换，即端口地址转换。采用端口多路复用方式，内部网络的所有主机均可共享一个合法外部 IP 地址实现对 Internet 的访问，从而可以最大限度地节约 IP 地址资源。同时，又可隐藏网络内部的所有主机，有效避免来自 Internet 的攻击。因此，网络中应用最多的就是端口多路复用方式。

六、VPN 简介

虚拟专用网（Virtual Private Network，VPN）是一种在公共网络（通常是 Internet）虚拟的、专用的网络，使用加密通信技术，为企业提供一个高安全、高性能、简便易用的环境。通过部署 VPN，企业员工在外出差或在其他地方进行办公时，可以通过公共网络远程安全访问企业内部网络资源。

1. VPN 接入类型

（1）远程接入 VPN（Access VPN）

如图 12-3 所示，远程接入 VPN 的方式是指客户机通过公共网络连接到 VPN 服务器的点对点连接，VPN 的作用就是为 VPN 客户机和 VPN 服务器提供一条逻辑的专用链路。

客户机　　　公共网络　　　VPN 服务器　　　内部网络

图 12-3　接入 VPN

（2）内联网 VPN（Intranet VPN）

如图 12-4 所示，内联网 VPN 又称为站点到站点 VPN、网关到网关 VPN 或网络到网络 VPN，这是企业总部与分支机构之间通过公共网络建立的安全连接。

图 12-4　内联网 VPN

（3）外联网 VPN（Extranet VPN）

如图 12-5 所示，外联网 VPN 是指企业与合作伙伴建立战略联盟后，企业之间通过公共网络构建的虚拟网。

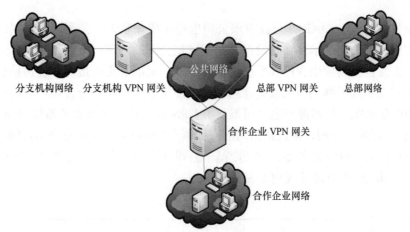

图 12-5　外联网 VPN

2. VPN 工作过程

通常情况下，VPN 服务器作为网关设备采取双网卡结构连接两个网络，一块网卡与内网相连，配置内网所使用的 IP 地址，另一块网卡使用公网地址接入 Internet。

如图 12-6 所示，客户机（LAN1）与 VPN 服务器建立连接后，客户机就可以通过 VPN 服务与企业内部网络（LAN2）进行通信了。具体的传输与数据处理过程如下。

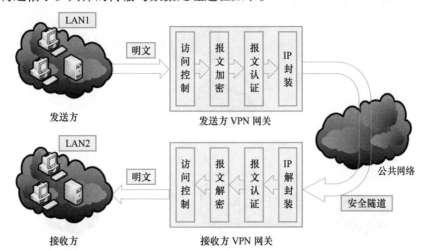

图 12-6　VPN 数据传输

1）LAN1 的 VPN 网关在接收到发送方（客户机）发来的数据包后对其目的地址进行检查，如果目的地址属于 LAN2，则将该数据包进行封装，封装的方式根据所采用的 VPN 技术不同而不同，同时 VPN 网关会构造一个新的 VPN 数据包，并将封装后的原数据包作为 VPN 数据包的负载，其目的地址为 LAN2 的 VPN 网关外网地址。

2）LAN2 的 VPN 网关将数据包发送到公共网络上，由于该数据包的目的地址是 LAN2 的 VPN 网关外部地址，所以该数据包被 Internet 中的路由发送到 LAN2 的 VPN 网关。

3）LAN2 的 VPN 网关接收到数据包后对其进行检查，如果发现该数据包是从 LAN1 的 VPN 网关发出的，则对该数据包进行解封处理，将数据包反向处理还原成原始的数据包。

4）LAN2 的 VPN 网关将还原后的原始数据包发送至目的地址设备（接收方）。

5）从接收方返回发送方的数据包处理过程与上述过程一样，这样两个网络内的终端就可以相互进行通信了。

项目实施

在现代化高质量发展时代，KIARUI 科技有限公司也稳步成长壮大，公司的内部网络也不断扩大。为了提高公司网络的管理质量，公司技术部在建设网络初期就把公司的内部网络规划成多个子网，每个部门处于独立的子网，这样既方便各部门应用程序和系统组彼此分开，又能够更好地保护公司信息安全。技术部配置了路由访问服务器来实现不同子网之间的彼此通信。为了便于总公司与各分公司之间进行通信及方便员工在其他地方时访问公司内部资源，技术部在总公司架设了 VPN 服务器。主要服务器规划如下。

1）在长沙公司总部有两个子网，架设路由访问服务器（Router），负责总公司各网段之间的通信。

2）在长沙公司总部架设 VPN 服务器，方便南昌子公司和广州办事处与总部之间进行通信。

3）路由与远程访问服务器 IP 地址规划见表 12-1。

表 12-1　路由与远程访问服务器 IP 地址规划

计算机	服务器角色	网卡	IP 地址	网关
Router	路由访问服务器	1	192.168.10.1/24（子网 1）	N/A
		2	192.168.11.1/24（子网 2）	N/A
	VPN 服务器	3	220.170.40.1/24（Internet）	220.170.40.254
PC1	子网 1 客户机		192.168.10.2/24	192.168.10.1
PC2	子网 2 客户机		192.168.11.2/24	192.168.11.1
PC3	VPN 客户机		220.170.40.253	220.170.40.254

4）路由与远程访问网络拓扑图如图 12-7 所示。

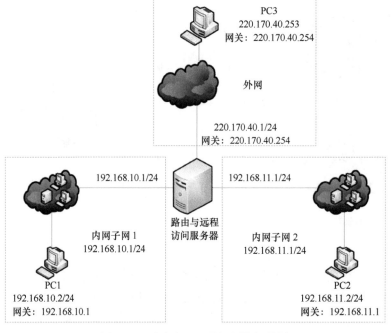

图 12-7　路由与远程访问网络拓扑图

| 任务 1 | 安装远程访问、网络策略和访问服务 |

路由器是一种连接多个网络或网段的网络设备，它实现了在 IP 层的数据包交换，从而实现了不同网络地址段的互联通信。在 Windows Server 服务器中要实现路由功能，首先要在服务器中安装"远程访问"服务。网络策略和访问服务能够有效保护网络以及服务器的安全，因此在安装"远程访问"服务时，同时将"网络策略和访问服务"功能一起进行安装。

STEP01 打开"添加角色和功能向导"，如图 12-8 所示，在"选择服务器角色"界面中，勾选"网络策略和访问服务"选项，并在弹出的"添加网络策略和访问服务 所需的功能？"界面中单击"添加功能"，返回"选择服务器角色"界面，再勾选"远程访问"选项，单击"下一步"按钮。

图 12-8　选择服务器角色

STEP02 在"选择功能"界面、"网络策略和访问服务"界面、"远程访问"界面中使用默认设置，并单击"下一步"按钮。

STEP03 如图 12-9 所示，在"选择角色服务"界面中勾选"DirectAccess 和 VPN（RAS）"复选框，并在弹出的界面中单击"添加功能"按钮，再勾选"路由"复选框，单击"下一步"按钮。

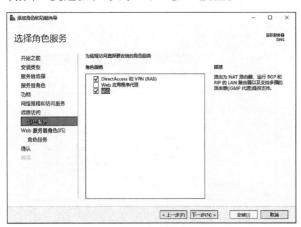

图 12-9　添加路由与远程访问角色服务

STEP04 如果服务器没有安装 IIS 服务，系统会自动加载安装 IIS 服务，如图 12-10 所示，在"Web 服务器角色（IIS）"界面单击"下一步"按钮。

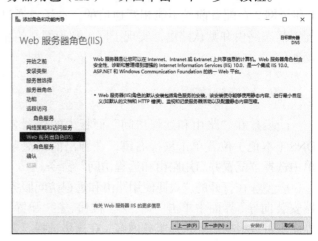

图 12-10　添加 Web 服务器角色

STEP05 在"选择角色服务"界面使用默认设置，并单击"下一步"按钮。

STEP06 在"确认安装所选内容"界面单击"安装"按钮，开始安装所选择的内容，安装完成后单击"关闭"按钮，可发现在"服务器管理器"界面的左边"仪表板"下方多了"IIS""NAPS"和"远程访问"三个选项。

STEP07 在"服务器管理器"界面的"工具"菜单中选择"路由和远程访问"命令，可以打开"路由和远程访问"管理器面板，如图 12-11 所示。

图 12-11　路由和远程访问管理器

任务 2　配置静态路由

　　静态路由是由管理人员手动建立和更新的，一般用于小型网络中，其优点是简单、高效、可靠。在配置静态路由时，管理员可以配置通往特定网络的静态路由，而在数据包与路由表中的任何其他更有针对性的路由不匹配时，管理员可以配置默认静态路由，将0.0.0.0/0 作为目标地址的下一跳地址。

　　如图 12-12 所示，使用 ping 命令可以检测到子网 1 和子网 2 在配置前是不能相互通信的。本任务通过配置静态路由和默认路由，实现子网 1 和子网 2 的相互通信。

图 12-12　子网 1 与子网 2 的连通性

一、配置静态路由

STEP01 在"路由和远程访问"面板中的机器名DNS（本地）位置单击鼠标右键，在弹出的快捷菜单中选择"配置并启用路由和远程访问"命令。

STEP02 在打开的"欢迎使用路由和远程访问服务器安装向导"界面中单击"下一步"按钮，在"配置"界面中可以根据需要选择服务内容，在这里选择"自定义配置"单选按钮，如图 12-13 所示，然后单击"下一步"按钮。

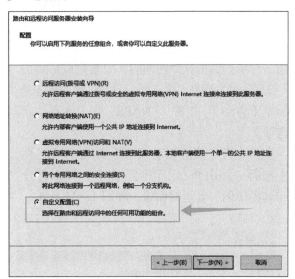

图 12-13　路由和远程访问服务器安装向导

STEP03 在"自定义配置"界面中可以看到路由和远程访问服务器（RRAS）所提供的服务，如图 12-14 所示，根据需要可以开启相关的功能。在这里选择"LAN 路由"复选框按钮，然后单击"下一步"按钮，之后在"正在完成路由和远程访问服务器安装向导"界面中单击"完成"的按钮，完成

LAN 路由服务的配置。

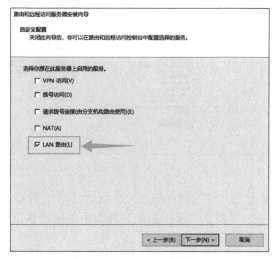

图 12-14　选择 LAN 路由

STEP04 在接下来在弹出的"启动服务"界面中单击"启动服务"按钮，启动 RRAS 服务，启动后的结果如图 12-5 所示。

图 12-15　启用路由和远程访问服务

STEP05 配置静态路由。

1. 配置默认路由

在"路由和远程访问"窗口中，展开"IPv4"节点，然后在"静态路由"节点上单击鼠标右键，在弹出的快捷菜单中选择"新建静态路由"命令，在打开的"IPv4 静态路由"对话框中，设置接口、目标、网络掩码、网关、跃点数等内容，如图 12-16 所示为配置第一个网络接口的默认路由，设置完成后单击"确定"按钮。按同样方法设置第二个网络接口的默认路由，最终结果如图 12-17 所示。

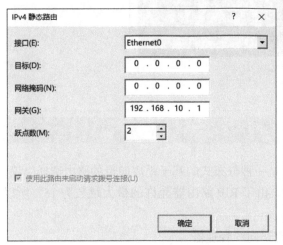

图 12-16　配置 Ethernet0 接口的默认静态路由

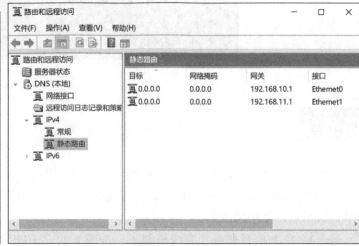

图 12-17　默认静态路由

2. 配置静态路由

在"路由和远程访问"窗口中，展开"IPv4"节点，然后在"静态路由"节点上单击鼠标右键，在弹出的快捷菜单中选择"新建静态路由"命令，在打开的"IPv4 静态路由"对话框中，设置接口、目标、网络掩码、网关、跃点数等内容，如图 12-18 所示为配置第一个网络接口的静态路由，设置完成后单击"确定"按钮。按同样方法设置第二个网络接口的默认路由，最终结果如图 12-19 所示。

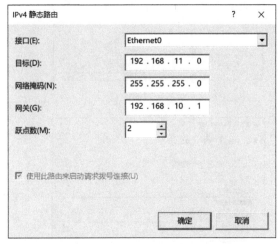

图 12-18　配置 Ethernet0 接口的静态路由

图 12-19　静态路由

二、路由与远程访问服务测试

RRAS 服务配置完路由信息后，接下来进行测试，验证路由与远程访问服务配置是否成功。路由与远程访问服务器就是利用服务器配合软件形成的路由解决方案，达成路由器功能。在本任务中要验证 RRAS 服务器配置是否成功，可以利用 ping 命令检测子网 1 与子网 2 之间是否连通。如图 12-20 所示，在子网 1 的 PC1 机器上使用 ping 命令测试与子网 2 的 PC2 机器是否连通。

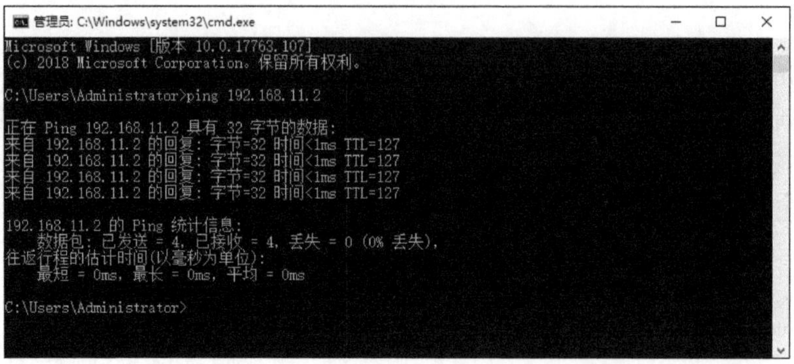

图 12-20　子网 1 与子网 2 的连通性测试

任务 3　配置 RIP 路由

RIP 是内部网关协议 IGP 中最先得到广泛使用的协议，它是一种分布式的基于距离向量的路由选择协议，是因特网的标准协议，其最大优点就是实现简单、开销较小。由于 RIP 路由器允许的最大跳数为 15，所以 RIP 协议只适用于小型网络。

STEP 01 在本项目任务 2 完成步骤 1 ～步骤 4 的基础上，在"路由和远程访问"面板中展开左侧目录树，在"IPv4"节点下的"常规"节点单击鼠标右键，在弹出的快捷菜单中选择"新增路由协议"，在弹出的"新路由协议"界面中选择"路由协议"表中的"RIP Version 2 for Internet Protocol"，如图 12-21 所示，单击"确定"按钮。

和远程访问"管理器。

图 12-22　新增 RIP 接口

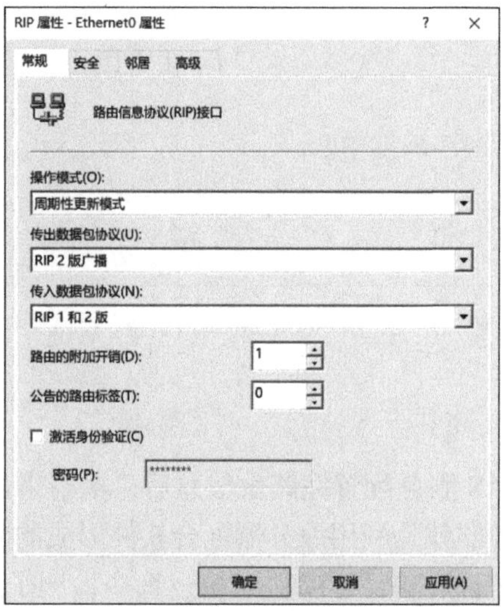

图 12-21　添加 RIP 路由协议

STEP 02 在"IPv4"节点下新增的节点"RIP"上单击鼠标右键，在弹出的快捷菜单中选择"新增接口"命令，弹出"RIP Version 2 for Internet Protocol 的新接口"界面，如图 12-22 所示。

STEP 03 在"接口"列表中选择第一个网络接口"Ethernet0"，单击"确定"按钮，打开"RIP 属性 -Ethernet0 属性"面板，如图 12-23 所示，RIP 的属性取默认值即可，单击"确定"按钮返回"路由

图 12-23　设置 RIP 属性

STEP04 重复步骤 3，为 RIP 添加第二个网络接口"Ethernet1"，完成后可看到配置的 RIP 路由如图 12-24 所示。

图 12-24　RIP 路由

完成 RIP 路由配置后可按本项目任务 2 的测试方法测试 RIP 配置是否成功。

任务 4　架设 NAT 服务器

NAT 技术主要用于实现内网访问外网。当内网的主机访问外网时，通过 NAT 技术可以将其内网地址转换为公网地址，从而实现多个内网用户共用一个公网地址来访问外网。

一、架设 NAT 服务器

STEP01 在"路由和远程访问"面板中的机器名 DNS（本地）位置单击鼠标右键，在弹出的快捷菜单中选择"配置并启用路由和远程访问"命令（如果之前已经启用了路由和远程访问服务，则先在弹出的快捷菜单中选择"禁用路由和远程访问"命令），打开"路由和远程访问服务器安装向导"界面，在此界面中单击"下一步"按钮。

STEP02 在"配置"界面选择"网络地址转换（NAT）"单选按钮，如图 12-25 所示，再单击"下一步"按钮。

STEP03 在"NAT Internet 连接"界面的网络接口连接表选择与 Internet 连接的网络接口 Ethernet2，如图 12-26 所示，再单击"下一步"按钮。

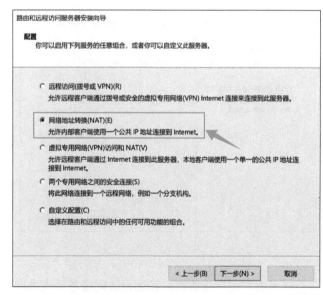

图 12-25　配置 NAT 服务

STEP04 在"网络选择"界面的网络接口列表中选择需要访问 Internet 的内部网络接口 Ethernet0，如图 12-27 所示，再单击"下一步"按钮。如果有多个内部网络接口需要访问 Internet 时，可在后续步骤中添加 NAT 服务。

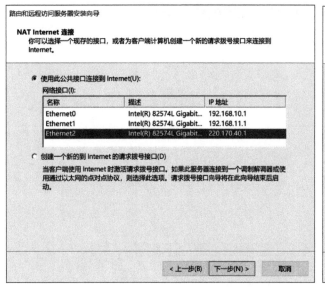

图 12-26　NAT Internet 连接

图 12-27　内网网络选择

STEP05 如果系统检测不到网络中的 DHCP 或 DNS 服务器，会弹出如图 12-28 所示的"名称和地址转换服务"界面，如果暂时不需要配置，可以选择"我将稍后设置名称和地址服务"单选按钮。在这里选择"启用基本的名称和地址服务"单选按钮，并单击"下一步"按钮。

STEP06 在"地址分配范围"界面可以看到 NAT 服务给内网主机分配的网络号，该网络号是依据连接内网的网络接口的 IP 地址来确定的，如图 12-29 所示。单击"下一步"按钮。

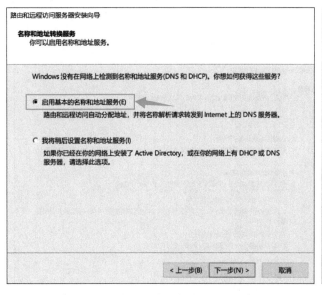

图 12-28　启用基本的名称和地址服务

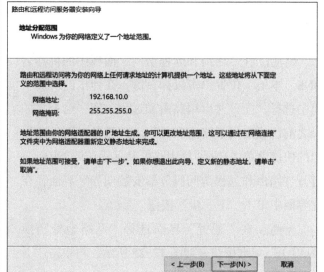

图 12-29　地址分配范围

STEP07 在"正在完成路由和远程访问服务器安装向导"界面单击"完成"按钮，完成 NAT 服务器的架设，启动路由和远程访问服务。

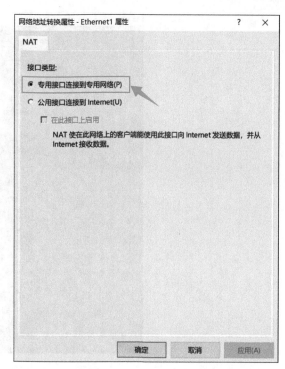

图 12-30　网络地址转换属性

STEP08 在"路由和远程访问"管理界面，展开 IPv4 节点，并右击子节点 NAT，在弹出的快捷菜单中选择"新增接口"命令，在弹出的新界面中的"接口"列表中选择新的网络接口 Ethernet1，之后单击"确定"按钮，在"网络地址转换属性 -Ethernet1 属性"对话框中的接口类型设置为"专用接口连接到专用网络"，如图 12-30 所示，再单击"确定"按钮，完成内网网络接口设置。

二、内网与外网连通性测试

NAT 服务器配置完成后，接下来进行测试，验证 NAT 服务配置是否成功。

1. 测试内网客户机计算机与外网计算机的连通性

分别登录 PC1 和 PC2，并打开命令界面，使用 ping 命令测试内网之间及内网与外网 PC3 之间的连通性，如图 12-31 和图 12-32 所示。

图 12-31　子网 1 与子网 2 及外网的连通性

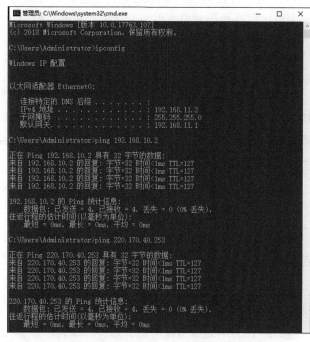

图 12-32　子网 2 与子网 1 及外网的连通性

2. 测试外网计算机 PC3 与 NAT 服务器和内网客户机的连通性

登录 PC3，并打开命令界面，使用 ping 命令测试外网计算机 PC3 与 NAT 服务器和内网客户机的连通性，结果如图 12-33 所示。

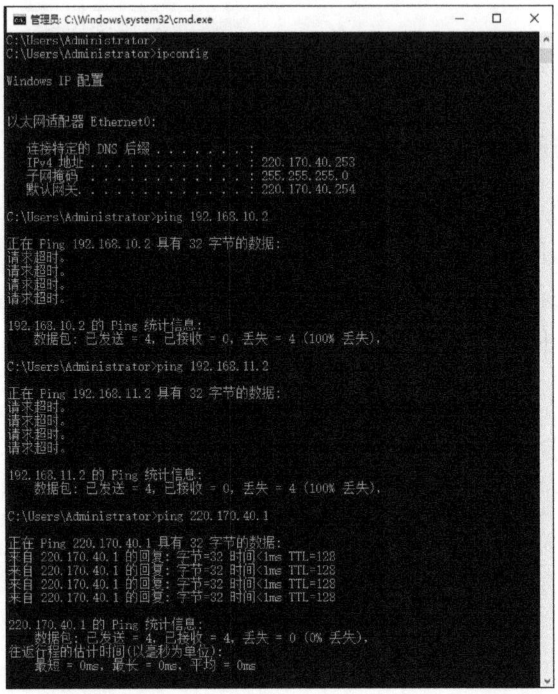

图 12-33　外网与内网的连通性

任务 5　**架设 VPN 服务器**

　　VPN 是一种在公网或专用网络上创建安全的点对点连接技术。通过部署 VPN 技术，员工可以通过公用网络远程访问公司内部网络资源，或者在家办公时可以安全访问公司服务器。

一、架设 VPN 服务器

　　STEP01 在"路由和远程访问"面板中的机器名 DNS（本地）位置单击鼠标右键，在弹出的快捷菜单中选择"配置并启用路由和远程访问"命令（如果之前已经启用了路由和远程访问服务，则先在弹出的快捷菜单中选择"禁用路由和远程访问"命令），打开"路由和远程访问服务器安装向导"界面，在此界面中单击"下一步"按钮。

　　STEP02 在"配置"界面选择"远程访问（拨号或 VPN）"单选按钮，如图 12-34 所示，单击"下一步"按钮。

　　STEP03 在"远程访问"界面中勾选"VPN"复选框，如图 12-35 所示，之后单击下一步按钮。

　　STEP04 在"VPN 连接"界面选择与 Internet 连接的网络接口（Ethernet2），取消勾选"通过设置静态数据包筛选器来对选择的接口进行保护"复选框，如图 12-36 所示，单击"下一步"按钮。

　　STEP05 在"网络选择"界面选择一个内网网卡（如 Ethernet0）作为 VPN 客户机使用的网络，如图 12-37 所示，单击"下一步"按钮。

　　STEP06 在"IP 地址分配"界面选择"来自一个指定的地址范围"单选按钮，如图 12-38 所示，单击"下一步"按钮。

　　STEP07 在"地址范围分配"界面单击"新建"按钮，在弹出的"新建 IPv4 地址范围"界面中设置地址范围，本任务中地址范围设置为 192.168.10.101 ～ 192.168.10.200。设置完成后单击"确定"按钮，返回"地址范围分配"界面，如图 12-39 所示，单击"下一步"按钮。

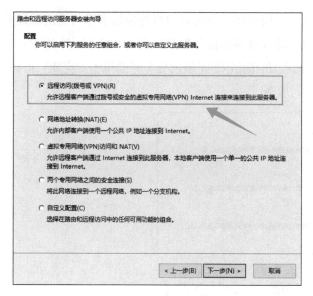

图 12-34　配置 VPN 服务器

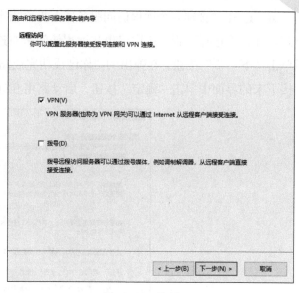

图 12-35　选择 VPN

图 12-36　选择外网网络接口

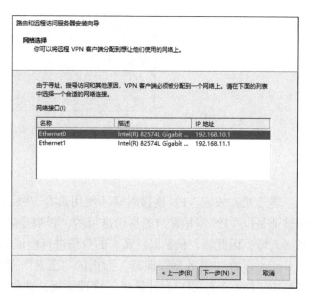

图 12-37　选择内网网络接口

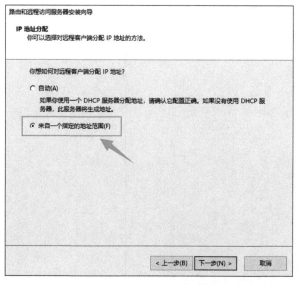

图 12-38　对远程客户机分配 IP 地址的方式

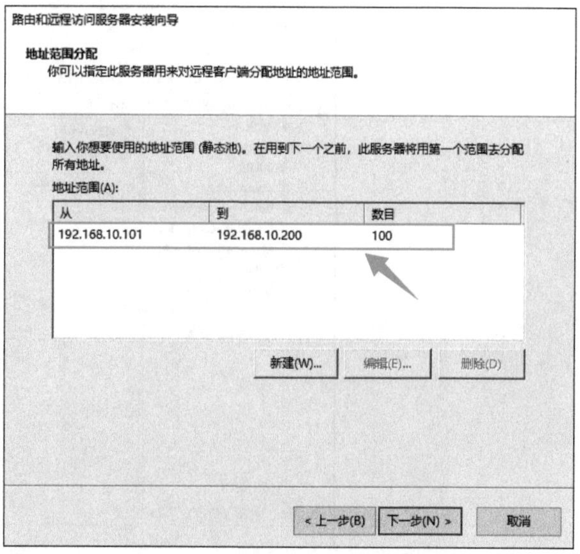

图 12-39　设置 DHCP 地址范围

STEP08 在"管理多个远程访问服务器"界面指定路由和远程访问服务对客户机连接请求进行身份验证的方式。在这里选择"否，使用路由和远程访问来对连接请求进行身份验证"单选按钮，如图 12-40 所示。然后单击"下一步"按钮，在弹出的"你已成功完成路由和远程访问服务器安装向导"界面单击"完成"按钮，在接下来的界面中单击"确定"按钮，启动路由和远程访问服务。

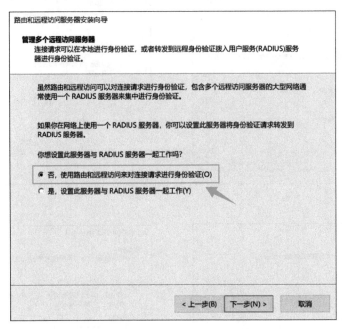

图 12-40　管理多个远程访问服务器

二、VPN 服务器测试

客户机在发起 VPN 连接时必须使用具有 VPN 拨入权限的账户。如果 VPN 没有加入域，那么用户身份的验证是以 VPN 本地账户的身份进行的，否则是以域账户的身份进行的。在本任务中架设的 VPN 服务器已经加入域，因此客户机是以域账户的身份进行验证的。

STEP01 在"服务器管理器"面板的"工具"菜单中选择"Active Directory 用户和计算机"命令，打开"Active Directory 用户和计算机"管理面板，并创建 VPN 客户机用户，如图 12-41 所示。在创建用户设置密码时取消勾选"用户下次登录时必须更改密码"复选框。

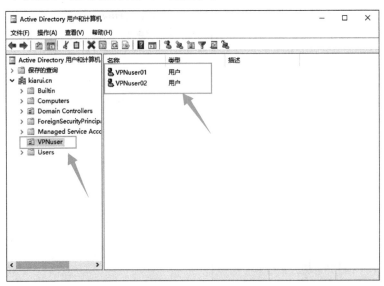

图 12-41　创建 VPN 客户机用户

STEP02 打开用户"VPNuser01 属性"属性对话框，如图 12-42 所示，切换到"拨入"选项卡，在"网络访问权限"栏目中选择"允许访问"单选按钮，然后单击"确定"按钮。按此方法设置所有需要进行 VPN 远程连接的用户属性。

STEP03 登录 PC3，右击任务栏"网络连接"图标，再选择"打开'网络和 Internet'设置"命令，打开"网络和 Internet"设置面板，在面板的左侧单击"VPN"选项，如图 12-43 所示。

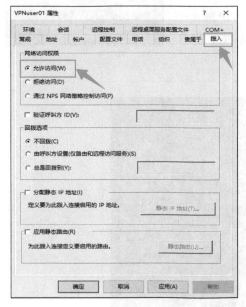

图 12-42　设置 VPN 客户机用户拨入属性

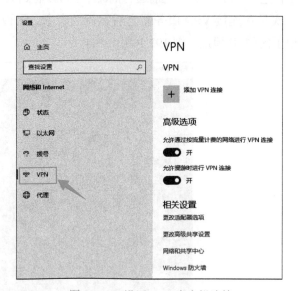

图 12-43　设置 VPN 客户机连接

STEP04 单击"添加 VPN 连接"，在弹出的"添加 VPN 连接"界面中设置 VPN 连接信息，如图 12-44 所示。"VPN 提供商"选择"Windows（内置）"，"连接名称"设置自定义名称如"VPN-Test"，"服务器名称或地址"栏内填入 VPN 服务器与外网连接的 IP 地址，"VPN 类型"使用"自动"方式，"登录信息的类型"为"用户名和密码"，"用户名"栏目中输入分配好的用户名，如 VPNuser01，在"密码"框中输入 VPNuser01 用户的密码，并勾选"记住我的登录信息"复选框，设置完成后单击"保存"按钮，返回"网络和 Internet"设置界面。

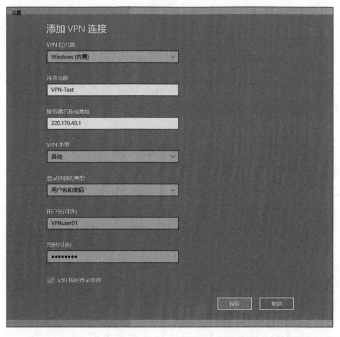

图 12-44　VPN 客户机连接属性

STEP05 在"网络和 Internet"设置界面单击"VPN-Test",再单击"连接"按钮;或单击任务栏上的"网络连接"图标,再单击"VPN-Test",继续单击"连接"按钮,测试 PC3 是否能连接到 VPN 服务器,结果如图 12-45 所示,说明 VPN 连接成功。

STEP06 打开命令提示符窗口,运行"ipconfig"命令,查看 VPN 客户机是否分配到 IP 地址。如图 12-46 所示,运行了两次 ipconfig 命令。第一次是在连接 VPN 服务器之前运行的命令,可以看到只有本机配置的 IP 地址;第二次是在连接 VPN 服务器之后运行的命令,可以看到客户机 PC3 成功获得了内网 IP 地址,即 192.168.10.104。

图 12-45　VPN 连接

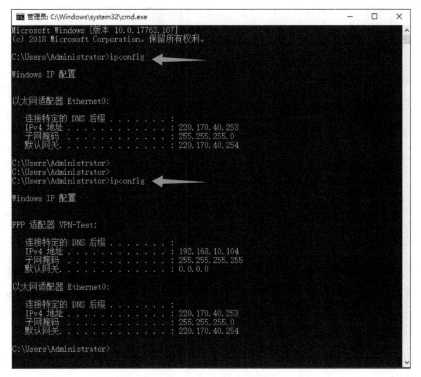

图 12-46　VPN 客户机获取内网 IP 地址

项目小结

本项目首先介绍了 IP 路由及路由器相关的基本概念。位于不同网络的计算机不能直接相互通信,需要借助路由器转发数据包。路由器是根据路由表来确定数据包的转发路径。生成路由表的方式有静态路由和动态路由两种。

当内网要访问外网时,通过 NAT 技术可以将内网地址转换为公网地址,从而实现多个内网用户共用一个公网地址来访问外部网络,这样既可保证网络互通,又节省了公网地址。

通过部署 VPN,企业员工在外出差或在其他地方进行办公时,可以通过公共网络远程安全访问公司内部网络资源,既方便了员工办公,又保障内部网络信息的安全。

项目拓展

一、IPv4

网际协议版本 4(Internet Protocol Version 4,IPv4)又称为互联网通信协议第四版,是网际协议开发过程中的第四个版本。IPv4 是互联网的核心，也是使用最广泛的网际协议版本。

IPv4 地址是使用 32 位二进制位的地址，每个 IPv4 地址由网络地址和主机地址两部分构成。为了便于对 IP 地址进行管理，把 IPv4 地址分为五类。其中 A、B、C 三类又分为公有地址和私有地址，通过公有地址可以直接访问 Internet，私有地址属于非注册地址，专门为组织机构内部使用，见表 12-2。D、E 类为特殊地址。

表 12-2　A、B、C 三类地址

类别	最大网络数	IP 地址范围	单个网段最大主机数	私有 IP 地址范围
A	126	1.0.0.1- 126.255.255.254	16777214	10.0.0.0- 10.255.255.255
B	16384	128.0.0.1- 191.255.255.254	65534	172.16.0.0- 172.31.255.255
C	2097152	192.0.0.1- 223.255.255.254	254	192.168.0.0- 192.168.255.255

由于互联网的蓬勃发展，IP 地址的需求量愈来愈大，在 2019 年 11 月 IPv4 地址全部分配完毕，严重制约了互联网的应用和发展。IPv6 的使用，不仅能解决网络地址资源数量的问题，而且也解决了多种接入设备连入互联网的障碍。

二、IPv6

IPv6 是英文 "Internet Protocol Version 6"（互联网协议第 6 版）的缩写，是互联网工程任务组（IETF）设计的用于替代 IPv4 的下一代 IP 协议，其地址数量号称可以为全世界的每一粒沙子编上一个地址。相比 IPv4 来说，IPv6 具有以下几个优势：

1）具有更大的地址空间。IPv4 中规定 IP 地址长度为 32，即有 $2^{32}-1$ 个地址；而 IPv6 中 IP 地址的长度为 128，即有 $2^{128}-1$ 个地址。

2）使用更小的路由表。IPv6 的地址分配遵循聚类（Aggregation）的原则，路由器能在路由表中用一条记录（Entry）表示一片子网，减小了路由器中路由表的长度，提高了路由器转发数据包的速度。

3）增加了增强的组播（Multicast）支持以及对流的支持（Flow Control），为服务质量（Quality of Service，QoS）控制提供了良好的网络平台。

4）加入了对自动配置（Auto Configuration）的支持，使网络（尤其是局域网）的管理更加方便和快捷。

5）具有更高的安全性。在使用 IPv6 网络中用户可以对网络层的数据进行加密并对 IP 报文进行校验，极大增强了网络的安全性。

据中国网消息，2022 年数字中国建设取得了新的重要进展。数字经济规模稳居世界第二，成为推动经济增长的主要引擎之一。截至 2022 年底累计建设开通 5G 基站 231 万个，千兆光网具备覆盖超过 5 亿户家庭的能力。移动物联网连接数首次超过移动电话用户数，实现了"物超人"，中国在全球是第一个。IPV6 活跃用户超越 7 亿。

2023 年 2 月，数据显示，中国移动网络 IPv6 占比达到 50.08%，首次实现移动网络 IPv6 流量超过 IPv4 流量的历史性突破。这意味着中国 IPv6 网络"高速公路"已全面建成，信息基础设施 IPv6 服务能力已基本具备。

练习

一、单选题

1. 使用动态路由协议而不使用静态路由的优势是什么？（　　　）。

　　A．在当前路径变得不可用时，可以主动搜索新的路由

B．可以更安全地控制路由更新

C．对路由器资源的消耗更少

D．更易于实施

2．下列哪个值表示路由的"可信度"，并且在有多条路由去往同一个目的地时，可以用来判断要安装到路由表中的路由？（　　　）

    A．度量　　　　　　　　B．出站接口　　　　C．路由协议　　　　D．管理距离

二、多选题

1．路由器的主要功能有哪些？（　　　　）。

    A．路由器可以连接多个不同网络　　　　B．通过使用第 2 层地址控制数据流

    C．基于 ARP 请求构建路由表　　　　　D．提供第 2 层上的分段

    E．确定发送数据包的最佳路径

2．管理员可能选择使用静态路由，而不选择动态路由的原因是什么？（　　　　）。

    A．静态路由更安全　　　　　　　　　B．在大型网络中，静态路由更易维护

    C．静态路由无须完整地了解整个网络　　D．静态路由更具可扩展性

    E．静态路由使用较少的路由器处理和带宽

3．有关对远程访问 VPN 的正确描述是（　　　　）。

    A．可能需要静态配置 VPN 隧道

    B．主机需要通过 VPN 网关来发送 TCP/IP 流量

    C．VPN 把两个完整的网络相互连接起来

    D．VPN 用来通过互联网，将单台主机安全地连接到公司网络

    E．需要在主机上安装 VPN 客户机软件

三、简答题

1．NAT 按技术类型分为哪三种方式？

2．VPN 主要采用了哪些技术来保障信息的安全？

项目 13

远程桌面服务的配置与管理

学习目标

知识目标

○ 熟悉远程桌面服务的功能与作用。
○ 了解远程桌面服务的工作原理。
○ 掌握远程桌面服务的安装方法。
○ 掌握远程桌面连接的配置流程。
○ 熟悉应用程序虚拟化的作用和实现方法。

技能目标

○ 能够安装远程桌面服务。
○ 能够为用户授权远程访问权限并实现远程桌面连接。
○ 能够实现 Web 方式远程管理。
○ 能够配置应用程序虚拟化。

素养目标

○ 了解知识产权，增强法律保护意识。
○ 增强环保意识，提高资源利用率。
○ 增强信息安全意识，提高远程桌面服务器的可靠性。
○ 增强服务意识，为用户方便使用网络提供技术支持。

项目描述

随着 KIARUI 科技有限公司的不断发展壮大，公司也积极推进办公自动化及信息化建设，因此购进了一批正版软件交给信息技术中心。网络管理员为了保证即使他们不在网络中心时也能够有效地对网络中心的相关服务器进行维护，同时为了能够让有需要的员工使用到正版软件，网络管理员决定部署远程桌面服务器，这样既可以提升工作效率，又能够为公司节约资源。

一、远程桌面服务概述

远程桌面服务（Remote Desktop Service，RDS）是 Windows 系统自带的远程桌面服务组件，它允许用户通过使用 RDP 协议，从一系列的终端设备来访问用户 Windows 系统所在的计算机或者配置了 RDSH 的 Windows Server 系统服务器。

远程桌面服务提供的技术可让用户访问在远程桌面会话主机（RD 会话主机）服务器上安装的基于 Windows 的程序，或访问完整的 Windows 桌面。使用远程桌面服务，用户可从公司网络内部或 Internet 访问 RD 会话主机服务。

远程桌面服务可使用用户在企业环境中有效地部署和维护软件，可以很容易地从中心位置部署程序。由于将程序安装在 RD 会话主机服务器上，而不是安装在客户机计算机上，因此更容易升级和维护程序。在用户访问 RD 会话主机服务器上的程序时，程序会在服务器上运行。每个用户只能看到各自的会话。

远程桌面服务主要由远程桌面会话主机、RD Web 访问、RD 授权、RD 网关、RD 连接 Broker 和远程桌面虚拟化主机等服务组成。

1. 远程桌面会话主机

远程桌面会话主机（RD 会话主机，服务器）是托管远程桌面服务客户机使用的基于 Windows 的程序或完整的 Windows 桌面服务器。用户可连接到 RD 会话主机来运行程序、保存文件，以及使用该服务器上的网络资源。用户可以通过"远程桌面连接"工具或通过 RemoteApp 程序访问 RD 会话主机。

2. RDWeb 访问

RDWeb 访问使用户可以通过运行客户机计算机上的浏览器来访问 RemoteApp 和桌面连接。RemoteApp 和桌面连接向用户提供 RemoteApp 程序和虚拟桌面的自定义视图。

3. RD 授权

RD 授权管理着每个用户或设备连接到 RD 会话主机服务器所需的 RDSCAL。使用 RD 授权在远程桌面授权服务器上安装、颁发 RDSCAL 跟踪其可用性。要使用远程桌面服务，必须要有一台授权服务器。如果是小型部署，可以在同一台服务器上安装 RD 会话主机角色服务和 RD 授权角色服务。对于较大型部署，建议将 RD 授权角色服务与 RD 会话主机角色服务安装在不同的服务器上。

4. RD 网关

RD 网关使授权用户可以从任何连接到 Internet 的设备连接到企业内部网络上的资源。网络资源可以是运行 RemoteApp 程序的 RD 会话主机服务器、虚拟机或启用了远程桌面的计算机。RD 网关封装了 RDP over HTTPS，有助于 Internet 上的用户与运行应用程序的内部网络资源之间建立安全的加密连接。

5. RD 连接 Broker

RD 连接代理在负载平衡的 RD 会话主机服务器中跟踪用户会话。RD 连接代理数据库存储会话状态信息，包括会话 RD、会话关联的用户名以及每个会话所在的服务器的名称。拥有现有会话的用户连接到负载平衡场中的 RD 会话主机服务器时，RD 连接代理会将用户重新定向到其会话所在的 RD 会话主机服务器。这样可以阻止用户连接到服务器场中的其他服务器并启动新会话。

6. 远程桌面虚拟化主机

将 RD 虚拟化主机与 Hyper-V 集成，以便使用 RemoteApp 和桌面连接提供虚拟机。可以对 RD 虚拟化主机进行配置，以便为组织中的每个用户分配一个唯一的虚拟桌面，或者将用户重定向到动态分配虚拟桌面的共享池中。RD 虚拟化主机需要使用 RD 连接代理，来确定将用户重定向到何处。

二、桌面虚拟化简介

计算机虚拟化技术主要包括服务器虚拟化、应用虚拟化、桌面虚拟化。桌面虚拟化是将计算机的终端系统（桌面）进行虚拟化，以客户机形式在任何地点、任何时间通过网络访问桌面系统，达到桌面使用的安全性和灵活性。桌面虚拟化主要有以下几种应该方式。

1. 远程托管桌面

远程托管桌面是指客户机使用连接代理软件通过远程登录的方式使用服务器上的桌面，典型的有 Windows 下的 Remote Desktop、Linux 下的 XServer、VNC（Virtual Network Computing）。其特点是所有的软件都运行在服务器端。在服务器端运行的是完整的操作系统，客户机只需运行一个远程的登录界面，登录到服务器，就能够看到桌面，并运行远程的程序。

使用远程托管桌面技术具有成本低、对数据和应用程序有高水平的控制性，但对网络连接的质量要求较高，显示协议经常不能处理复杂的图形，一些为桌面设计的应用程序在共享的模式下不能在服务器上运行，当断开连接后不能进行工作。

2. 远程虚拟桌面应用程序

远程虚拟桌面应用程序是通过网络服务器的方式，运行改写过的桌面。典型的有 Google 上的 Office 软件或者浏览器里的桌面。这些软件通过对原来的桌面软件进行重写，从而能够在浏览器里运行完整的桌面或者程序。由于软件是重写的，并且运行在浏览器中，这就不可避免造成一些功能的缺失。

使用远程虚拟桌面应用程序，能够在共享模式下运行应用程序并隔离每一个用户的活动以防止资源的限制，但在使用时比远程托管桌面要使用更多的带宽及使用更多的服务器上的硬件资源，当断开连接后不能进行工作。

3. 本地虚拟操作系统

本地桌面操作系统虚拟化是通过应用层虚拟化的方式提供桌面虚拟化，也称为影子系统。本地虚拟操作系统有两种类型。

第 1 类是一个虚拟化管理程序位于虚拟机操作系统与底层硬件设备之间的虚拟层，直接运行于硬件设备之上，负责对硬件资源进行抽象，为上层虚拟提供运行环境所需的资源，并使每个虚拟机都能够互不干扰、相互独立地运行于同一个系统中，如图 13-1 所示。

第 2 类是一个虚拟化管理程序（Virtualization Manager，VM）运行在现有的操作系统上，如图 13-2 所示，通过这个软件能够虚拟出多台虚拟机。所有的虚拟机具有与真实系统完全一样的功能。进入虚拟机系统后，所有的操作都是虚拟的，不会对真正的系统产生任何影响。

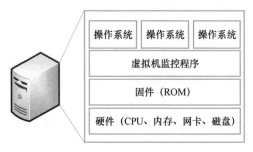

图 13-1　第 1 类虚拟机监控程序

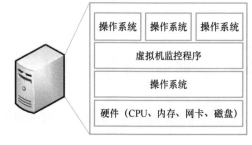

图 13-2　第 2 类虚拟机监控程序

项目实施

为了给 KIARUI 科技有限公司部署远程桌面服务器，公司信息中心网络管理员根据公司的实际制订了一份远程桌面服务器部署规划方案，具体内容如下。

1）在长沙公司总部部署域控制器（计算机名：Router）和远程桌面服务器（计算机名：RD）。

2）在长沙公司总部的各子网能够通过内网远程登录桌面服务器。

3）在南昌分公司和广州办事处的设备能通过外网远程登录桌面服务器。

4）远程桌面服务器及其他服务器的 IP 地址规划见表 13-1。

表 13-1 远程桌面服务器及其他服务器 IP 地址规划表

计算机	服务器角色	网卡	IP 地址	网关
Router	路由访问服务器	1	192.168.10.1/24（子网 1）	N/A
		2	192.168.11.1/24（子网 2）	N/A
		3	220.170.40.1/24（Internet）	220.170.40.254
RD	远程桌面服务器		192.168.10.254/24	192.168.10.1
PC1	子网 1 客户机		192.168.10.2/24	192.168.10.1
PC2	子网 2 客户机		192.168.11.2/24	192.168.11.1
PC3	分公司和办事处客户机		220.170.40.253	220.170.40.254

5）公司网络拓扑图如图 13-3 所示。

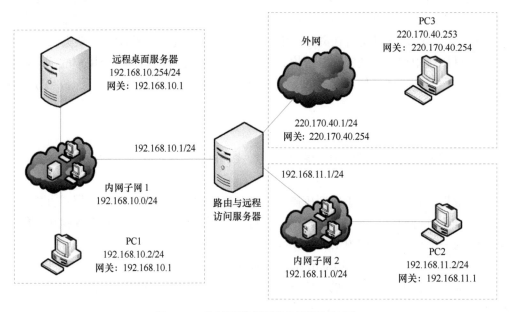

图 13-3 公司远程桌面服务网络拓扑图

任务 1 安装远程桌面服务

要配置与管理远程桌面服务，首先要将远程桌面虚拟化主机加入到域或直接在域控制器上部署远程桌面服务。

参照项目 10 任务 3 将远程桌面服务虚拟化服务器加入域或将远程桌面虚拟化主机配置为域控制器。在本任务中是将远程桌面服务虚拟化主机（主机名 RD）加入到域 kiarui.cn，并用域用户登录计算机进行配置。

STEP01 在"服务器管理器"界面，依次选择"仪表板"→"快速启动"→"添加角色和功能"，打开"添加角色和功能向导"面板，在"开始之前"界面中单击"下一步"按钮。

STEP02 如图 13-4 所示，在"选择安装类型"界面中单击"远程桌面服务安装"单选按钮，再单击"下一步"按钮。

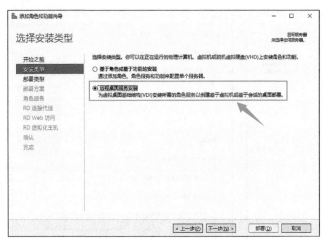

图 13-4　安装远程桌面服务

STEP03 如图 13-5 所示，在"选择部署类型"界面选择"快速启动"单选按钮，再单击"下一步"按钮。

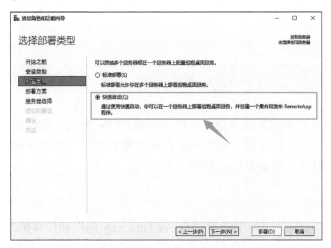

图 13-5　部署远程桌面为快速启动

STEP04 如图 13-6 所示，在"选择部署方案"界面中选择"基于会话的桌面部署"单选按钮，再单击"下一步"按钮。

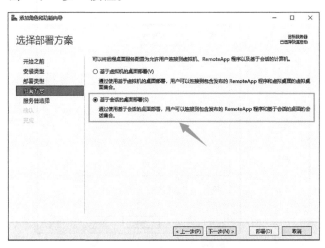

图 13-6　基于会话的桌面部署

STEP05 如图 13-7 所示，在"选择服务器"界面选择 RD 主机准备部署远程桌面服务，单击"下一步"按钮。

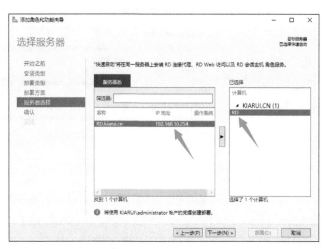

图 13-7　选择服务器

STEP06 如图 13-8 所示，在"确认选择"界面选中"需要时自动重新启动目标服务器"复选框，再单击"部署"按钮，等待部署并自动重新启动计算机。

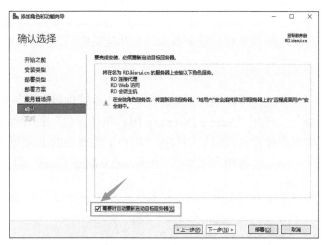

图 13-8　确认远程服务器部署方案

重新启动计算机并登录之后，等待部署完成，结果如图 13-9 所示，在"查看进度"界面单击"关闭"按钮，完成远程桌面服务安装。

STEP07 打开"系统属性"对话框，如图 13-10 所示，在"远程"选项卡中勾选"远程桌面"栏中"允许远程连接到此计算机"单选按钮及"仅允许运行使用网络级别身份验证的远程桌面的计算机连接"复选框，单击"确定"按钮。

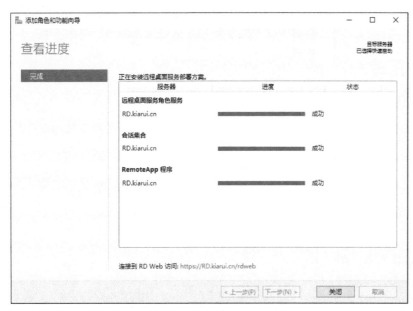

图 13-9　完成远程桌面服务安装

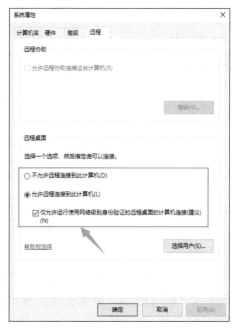

图 13-10　允许登录远程桌面服务器

任务 2　远程桌面连接

远程桌面客户机要登录远程桌面服务器，首先需要有能够实现远程登录的用户名及对应的密码。默认情况下，Administrator 账户可以使用远程桌面连接访问远程桌面服务器，如果要使用其他账户登录远程桌面服务器，则需要在域控制器上建立相应的账户及密码，并授予远程桌面访问权限。

一、内网远程桌面连接

STEP01 登录域控制器，在"服务器管理器"面板的"工具"菜单中选择"Active Directory 用户和计算机"命令，打开"Active Directory 用户和计算机"管理面板，并创建远程桌面连接用户，如图 13-11 所示。在创建用户设置密码时取消勾选"用户下次登录时必须更改密码"复选框。

STEP02 将用户添加到"Remote Desktop Users"组，为远程桌面连接用户授予访问权限，如图 13-12 所示。

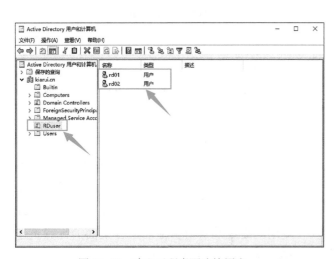

图 13-11　建立远程桌面连接用户

图 13-12　授权连接用户登录权限

STEP03 登录内网客户机计算机（如 PC2），依次选择"开始"→"Windows 附件"→"远程桌面连接"，打开"远程桌面连接"界面，如图 13-13 所示，在"计算机"文本框内输入远程桌面服务器的内网 IP 地址，单击"连接"按钮。

图 13-13 远程桌面连接

STEP04 如图 13-14 所示，在"Windows 安全中心"的"输入你的凭据"对话框中，在"用户名"文本框中输入用户名，在"密码"文本框中输入该用户的密码，如果经常要用该用户登录远程桌面服务器，可以勾选"记住我的凭据"复选框，单击"确定"按钮。

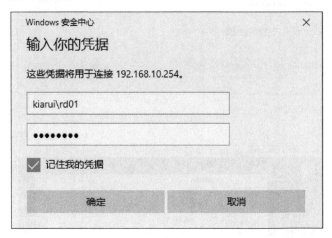

图 13-14 远程桌面连接凭据

STEP05 如图 13-15 所示，如果弹出"无法验证此远程计算机的身份。是否仍要连接"警告窗口，单击"是（Y）"按钮，连接到远程桌面服务器，否则返回"远程桌面连接"窗口。

STEP06 连接到远程桌面服务器的桌面，就可以根据用户所拥有的权限对服务器进行相关操作了，如图 13-16 所示。

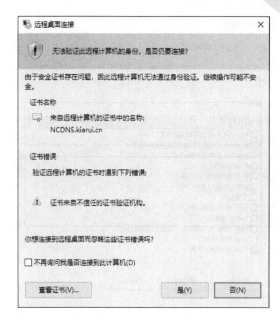

图 13-15 远程桌面连接验证

图 13-16 远程服务器桌面连接窗口

二、Internet 客户机远程桌面连接

STEP01 按项目 12 的任务 4 将计算机 Router 配置为 NAT 服务器。

STEP02 在 NAT 服务器上打开"路由和远程访问"管理器，并展开左侧 IPv4 节点，选择"NAT"节点，在右侧接口列表中的 Ethernet2（外网）接口上单击鼠标右键，在弹出的快捷菜单中选择"属性"命令，打开"Ethernet2 属性"窗口，如图 13-17 所示，勾选"远程桌面"复选框。

STEP03 在弹出的"编辑服务"对话框中的"专用地址"文本框中输入远程桌面服务器的 IP 地址 192.168.10.254，如图 13-18 所示，单击"确定"按钮，返回"Ethernet2 属性"对话框之后单击"确定"按钮。

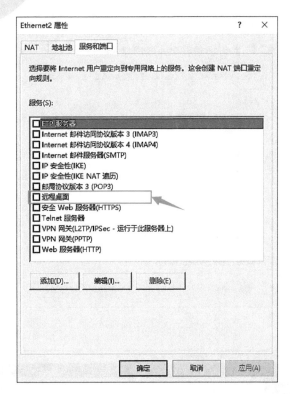

图 13-17　设置远程桌面服务和端口

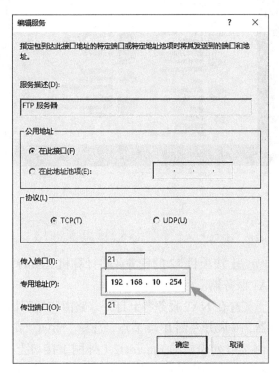

图 13-18　设置服务连接专用地址

STEP04 登录外网客户机计算机（PC3），依次选择"开始"→"Windows 附件"→"远程桌面连接"，打开"远程桌面连接"界面，如图 13-19 所示，在"计算机"文本框内输入 NAT 服务器的外网 IP 地址 220.170.40.1，单击"连接"按钮。

图 13-19　连接远程桌面服务器

STEP05 在"Windows 安全中心"的输入凭据信息，如图 13-20 所示，单击"确定"按钮，如果弹出"无法验证此远程计算机的身份。是否仍要连接"警告窗口，单击"是（Y）"按钮，连接到远程桌面服务器，如图 13-21 所示。

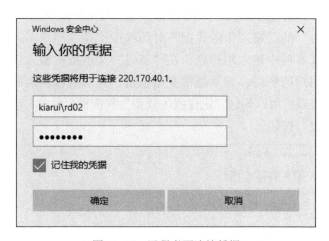

图 13-20　远程桌面连接凭据

图 13-21　Internet 客户机连接远程桌面服务器窗口

<table>
<tr><td>任务 3</td><td>Web 方式远程管理</td></tr>
</table>

如果客户机计算机上安装了 IE 浏览器，也可以使用远程桌面 Web 方式远程管理远程桌面服务器，并且连接到远程桌面服务器以后的操作方式和远程桌面完全相同。要实现 Web 方式远程管理桌面服务器，首先要安装远程桌面 Web 连接组件。在本项目任务 1 已经安装了该组件。

STEP01 登录远程桌面服务客户机，打开 IE 浏览器，在地址栏中输入远程桌面服务器的地址，格式为：https:// 服务器名或 IP 地址 /rdweb，如图 13-22 所示。

图 13-22　Web 方式远程管理

在连接过程中如果出现"此站点不安全"的提示，单击"详细信息"，再单击"转到此网页（不推荐）"链接，进入下一步。

STEP02 进入"RDWeb 访问"窗口后，如图 13-23 在"域 \ 用户名"文本框中输入有访问权限的域用户名，在"密码"文本框中输入对应用户的密码，在"安全"栏中根据计算机的使用环境选择"这是一台公共或共享计算机"还是选择"这是一台专用计算机"单选按钮，再单击"登录"按钮。

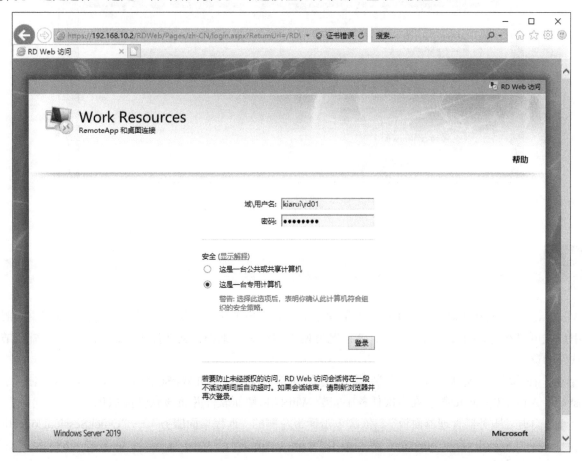

图 13-23　远程桌面网站

STEP03 登录到远程桌面服务器后，默认显示"RemoteApp 和桌面"窗口，如图 13-24 所示。

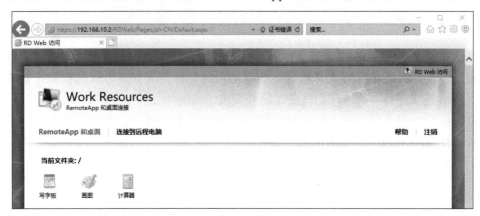

图 13-24　RemoteApp 和桌面窗口

　　在"RemoteApp 和桌面"窗口中可以看到远程桌面服务器提供了 3 个默认应用程（写字板、画图、计算器）供用户进行使用。单击对应的应用程序，即可打开该程序进行相应的工作。

STEP04 在"RDWeb 访问"窗口中单击"连接到远程电脑"，如图 13-25 所示，在"连接到"文本框中输入远程桌面服务器的 IP 地址，在"远程桌面大小"文本框中选择"全屏"或其他桌面大小，再单击"连接"按钮，在弹出的"远程桌面连接"界面中单击"连接"按钮，接下来按本项目任务 2 中的步骤 4 进行操作，可以连接到远程桌面服务器的桌面。

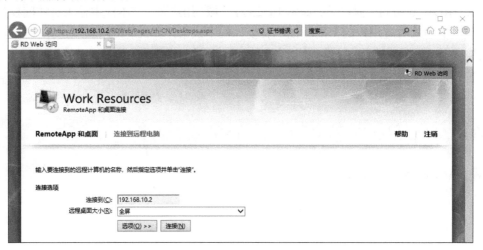

图 13-25　远程桌面连接窗口

任务 4　应用程序虚拟化

　　Windows Server 2019 提供了应用程序虚拟化功能。利用虚拟化，应用软件只需要安装在远程桌面服务器上，用户就可以在客户机计算机上运行，这样既方便管理员集中维护，又在保护了知识产权的基础上节省了购买软件的资金。

STEP01 在远程桌面服务器上安装需要发布的应用程序，如 WPSOffice、Microsoft Office、Adobe Photoshop、Adobe Premiere 等。在本次任务中安装 WinRAR 解压软件并将该软件虚拟化。

STEP02 打开"服务器管理器面板"，依次单击面板左侧的"远程桌面服务"→"QuickSessionCollection"。

STEP03 在"QuickSessionCollection"界面单击"RemoteApp 程序"中的"任务"，如图 13-26 所示，选择"发布 RemoteApp"命令。

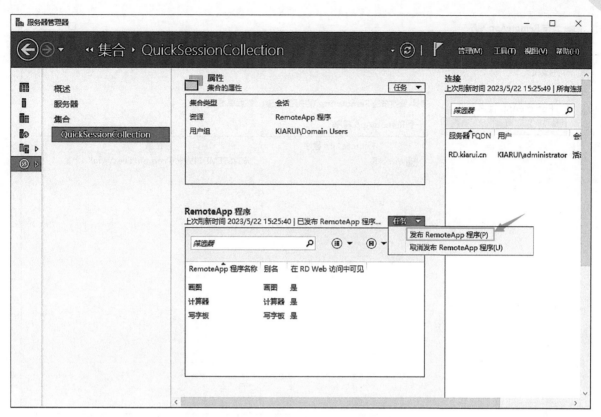

图 13-26　发布 RemoteApp 程序

STEP04 在"选择 RemoteApp"界面中勾选"WinRAR"复选框，如果要发布多个程序，可以同时勾对应程序的复选框，如图 13-27 所示。单击"下一步"按钮。

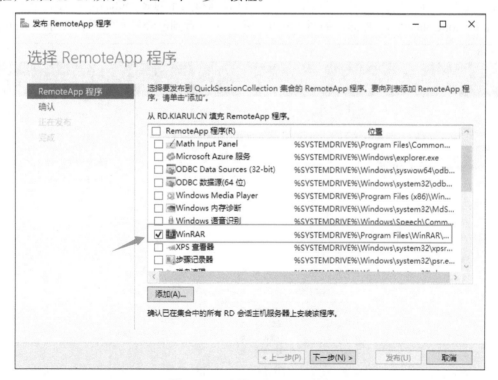

图 13-27　选择 RemoteApp 程序

STEP05 在"发布 RemoteApp 程序""确认"界面可以看到准备发布的 RemoteApp 程序，如图 13-28 所示，单击"发布"按钮。

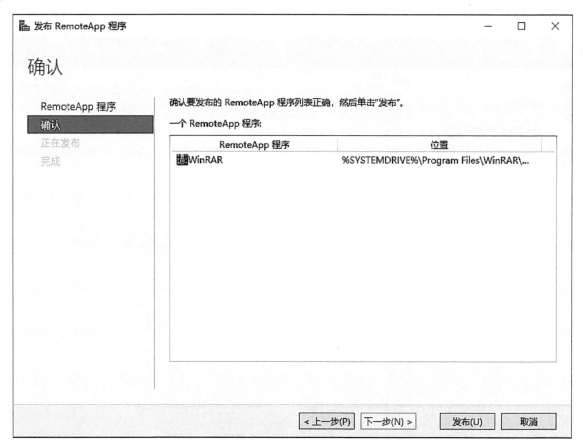

图 13-28　确认发布 RemoteApp 程序

STEP06 在"发布 RemoteApp 程序""完成"界面可以看到新发布的 RemoteApp 程序，单击"关闭"按钮，返回到"QuickSessionCollection"界面，如图 13-29 所示，可以看到已经发布的所有 RemoteApp 程序。

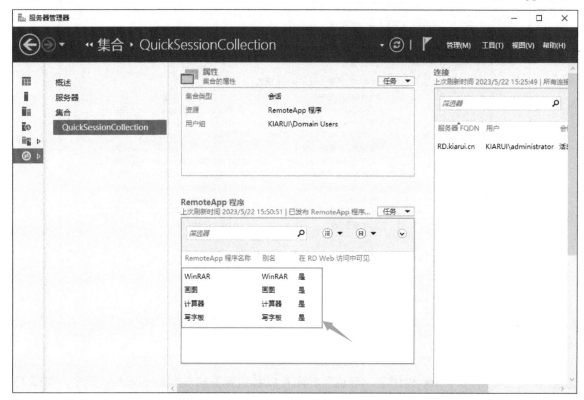

图 13-29　已发布的所有 RemoteApp 程序

项目小结

本项目主要介绍了远程桌面服务相关的基本概念与工作原理。通过虚拟化技术将桌面虚拟化，让用户能够从其他的终端设备访问远程桌面服务器，实现远程操作，做到随时随地办公，有利于提高办公效率。同时，在远程桌面服务器上部署应用软件，用户通过远程登录服务器使用软件，从而可以节约资源，也便于管理员集中维护。

项目拓展

一、虚拟化与云计算

虚拟化是通过虚拟化技术将一台计算机虚拟为多台逻辑计算机，即在同一台计算机上同时运行多个逻辑计算机，每个逻辑计算机可运行不同的操作系统，并且应用程序都可以在相互独立的空间内运行而互不影响，从而提高计算机的工作效率。

虚拟化实现了操作系统（OS）与硬件的分离，用户可以根据需要动态调配、灵活调度、跨域共享，从而服务灵活多变的应用需求。

云计算是分布式计算机的一种，是通过网络"云"将巨大的数据计算处理程序分解成无数个小程序，然后通过多个服务器组成的系统进行处理和分析这些小程序得到的结果并返回给用户。"云"的实质就是网络，云计算就是提供资源的网络，或者说云计算是与信息技术、软件、互联网相关的一种服务，其核心就是以互联网为中心，在网站上提供快速且安全的云计算服务与数据存储，让每一个使用互联网的人都可以使用网络上庞大的计算机资源与数据中心。

二、虚拟化的优势

虚拟化技术在云计算和数据中心领域的应用最为广泛，大量的企业也已经使用云计算和其他解决方案实现了虚拟化技术的应用。虚拟化的一个主要优势就是降低总成本，具体表现在以下几个方面。

● 减少所需设备：虚拟化实现了服务器整合，这样便减少了所需的物理服务器、网络设备，以及提供支持的基础设施，这也意味着更低的维护成本。

● 减少能源消耗：整合的服务器可以在电力和冷却成本上获得巨大节省，从而降低功耗，帮助企业实现更小的碳排放。

● 减少所需空间：利用虚拟化的服务器整合，减少了服务器、网络设备和机架数量，所需的占地面积相应减少。

● 简化原型制作：企业可以在一个隔离的网络中快速创建出独立运行的实验环境，以便进行测试和原型网络部署。如果出现错误，管理员可以恢复为先前的版本。测试环境可以联机，但要与终端用户隔离。当测试完成后，可向终端用户部署服务器和系统。

● 更快速的服务器部署：创建一台虚拟服务器的速度要远快于部署一台物理服务器。

● 提升服务器的正常运行时间：大多数的服务器虚拟化平台都能够提供高级冗余容错特性，如实时迁移、存储迁移、高可用性和分布式资源调度，从而有效提升服务器的正常运行时间。

● 提高灾难恢复能力：虚拟化提供了高级的业务连续性解决方案。它提供硬件抽象功能，以便恢复站点不再需要与生产环境中的硬件相同的硬件。大多数企业服务器虚拟化平台还有软件，可以帮助测试和在灾难发生之前自动进行故障转移。

● 支持过时的技术：虚拟化延长了操作系统（OS）和应用程序的生命周期，为组织机构提供了更多的时间来迁移至新的解决方案。

练习

一、选择题

1. 虚拟化的主要优势有哪些? (　　)。
   A. 减少所需的设备　　　　　　　　　B. 降低抽象性
   C. 减少操作系统　　　　　　　　　　D. 更快地部署服务器
   E. 更长的服务器运行时间

2. 下列哪种技术分离了操作系统 (OS) 和硬件? (　　)。
   A. Web 应用　　　　B. 虚拟化　　　　C. 专用服务器　　　D. 固件

3. 当服务器开启了远程桌面服务功能后,默认状态下哪些用户或组具备远程访问权限? (　　)。
   A. Administrator　　　　　　　　　　B. Administrators
   C. Everyone　　　　　　　　　　　　D. remote desktop users

4. 在 Windows Server 2019 中,远程桌面使用的默认端口是 (　　)。
   A. 80　　　　　　　B. 3389　　　　　C. 8080　　　　　D. 1024

5. 下列命令中, (　　) 命令可以打开远程桌面连接。
   A. msconfig　　　　B. remotedesktop　　　C. mstsc　　　　D. ping

二、简答题:

1. 什么是远程桌面服务?
2. 远程桌面服务有哪些优势?

参 考 文 献

[1] 蒋建峰，孙金霞，安淑梅，等．Windows Server 2019 操作系统项目化教程 [M]．北京：电子工业出版社，2021.

[2] 谢树新，王昱煜，邹华福．Windows Server 2012 R2 服务器配置与管理项目教程 [M]．北京：科学出版社，2020.

[3] 余爱华，边振兴，谢娜．Windows Server 2016 服务器配置与管理 [M]．长沙：湖南大学出版社，2020.

[4] 刘晓川．网络服务器配置与管理 [M]．2 版．北京：中国铁道出版社，2014.

[5] 杨云，徐培镟．Windows Server 网络操作系统项目教程 [M]．北京：人民邮电出版社，2021.

[6] 张恒杰，李彦景．Windows Server 2019 服务器配置与管理 [M]．北京：清华大学出版社，2021.